まちの価値を高める エリアマネジメント

小林重敬＋森記念財団 編著

学芸出版社

はじめに

本書は、森記念財団が2016年以来進めている「エリアマネジメント調査研究」の内容のなかから、エリアマネジメント活動（以下、エリマネ活動という）に注目して、「まちの価値を高めるエリアマネジメント」としてまとめたものである。

わが国のエリマネ活動は黎明期から十数年が経過し、本格的な活動を進める時期にきており、2016年には全国組織である「全国エリアマネジメントネットワーク」が結成された。先駆けとしてのエリマネ活動を担った大丸有エリアマネジメント協会の活動や六本木ヒルズタウンマネジメントの活動から始まり、わが国のエリマネ活動は現在、多様な展開を見せている。またエリマネ活動を実践する空間も公開空地のような民地上の空間から始まり道路空間、公園空間などの公共空間へと多様化している。

わが国のエリマネ活動は、アメリカ、カナダ、イギリス、ドイツなどのBID活動に比較しても多様化しているのではないかと考える。そこで、わが国のエリマネ活動の実態と活動が展開している空間の実際を事例をとおして示す。さらにエリマネ活動については新たな活動の可能性を、また活動空間については公民連携による積極的な活用の可能性について言及したいと考える。

エリアマネジメント活動

これまでのエリマネ活動を類型化して考えると、まずエリアが抱えている課題を解決する活動がある。次に、エリアが擁している資源を活用する活動がある。このような活動を実践することにより関係者間の絆は強まり、エリマネ活動は深化する。さらに、これからの社会動向に対応するエリマネ活動、すなわち「新たな公」を担う活動に乗り出すこととなる。

具体的な活動事例を第2章では紹介しているが、それらを列挙するとエリアの目標づくり、賑わいづくり、情報発信、清掃・防犯、コミュニテイづくり、管理・整備を基本的な活動としつつ、近年では防災・減災活動、環境・エネルギー活動、知的創造・交流活動、食育・健康活動などが加わり多彩である。

わが国のエリマネ活動が常に参考にしているものとして、第3章で紹介する海外のBID制度（Business Improvement District）があるが、わが国ではそれら海外のBID活動とは一線を画する活動が進められようとしていると考える。

エリアマネジメント活動空間

エリマネ活動空間の多様化については、第4章でまとめて紹介している。エリマネ活動空間は、公開空地やアトリウム空間などの民地上の公的空間をはじめ、近年では道路空間、水辺空間、さらには公園空間などの公共空間にも及ぶようになっている。

またエリマネ活動に関わる空間活用関係主体は、エリアマネジメント団体（以下、エリマネ団体という）、エリアに関係する地権者、実際にエリマネ活動を主催する主催者、道路・公園などの管理者、および交通管理者などの行政関係主体など多様である。

エリマネ空間を活用するには、まずエリマネ団体がそれら関係者を調整する役割を担う必要があるが、その際「仲介者」や「コーディネーター」としての役割と、行政の補完機能を担う「公的な立場」の２つの役割があり、そのための実績を積むことが重要である。そこで本書では実践を積み上げてきているエリマネ団体に着目して、その活動を紹介している。

さらに公開空地、アトリウムなどのような民地上の公的空間、道路、河川沿川、公園などの公共空間には、利用する際の手続きや留意事項があるので、それらを実践している関係者からの意見も踏まえて、利用にあたっての手続きの全体をまとめて紹介している。さらに公共空間などを活用するための規制緩和をとおして公民連携の仕組みが整えられつつある事例もある。そのような事例の今後の展開も重要になることから、その紹介をしている。

わが国では、公的空間、公共空間（以下、公共空間等という）の活用はそれほど実績があるわけではなく、現在、各地のエリマネ団体が社会実験などをとおしてその可能性を追求している。そこでそのような社会実験の実際も事例をもとに紹介している。

また「コラム」や事例紹介を設けて、興味深い事例についてまとまった紹介を試みている。

今日、エリアマネジメントの仕組みを制度化する動きが、すでに大阪版 BID 条例のようなかたちで実現しており、さらに国においても2018年にエリアマネジメント法制が地域再生エリアマネジメント負担金制度として実現する予定である。エリマネ活動の今後を期待したいと考え、本書を上梓する。

2018 年 5 月 11 日　小林重敬

目次

コラム

各地のエリアマネジメント 174

CHAPTER 1

まちの価値を高める エリアマネジメントとは

わが国の都市づくりは、これまで都市全体を見た大きな単位で考えられ、まず道路、公園などの社会資本整備が行われ、そこに地域地区制などのコントロールがかけられてきた。また民間による一定規模の開発は市街地開発事業の仕組みが用意され、あるいは一般の一定規模以上の開発には開発許可のコントロールがかけられてきた。

しかし、高度成長期を中心に、長らく成長拡大を前提にした都市間競争が続いてきたが、高齢社会、人口減少社会に突入し、都市という単位で都市づくりを考えること、なかでも都市を再生することは限界があることが明確になってきた。そこで、まず小さな単位であるエリアに着目してその再生を図ることから都市を再生する方向に都市づくりの考え方を組み替えなければならない時代がきている。すなわちこれまでのハードな整備が中心で、かつ都市全体から考える都市づくりに代わって、あるいは加えて、エリアという小さな単位で考え、そのエリアの地域価値を高める必要が認識され、エリアの再生を図る、ソフトなエリアマネジメント活動（以下、エリマネ活動という）が注目されている。

1－1節の「エリアマネジメント活動とは何か」では、エリマネ活動がエリアの関係者で進められるようになる動機づけを「エリアの課題を解決する」「エリアの資源を活かす」「『新たな公』を実現する」として、これまでのエリマネ

東京駅丸の内駅前広場と行幸通り

活動、さらに近年の新たに組み入れられたエリマネ活動を事例に即して紹介している。また、これからの新しい時代に即した、あるいはそれを先取りしたエリマネ活動もいくつかのエリアでは試行されているのでその紹介も行い、そのような動向を支える政策・制度の必要性についても言及している。

1－2節の「基本的考え方と仕組み」では、エリマネ活動がエリアの関係者による「絆」によって支えられていること、その絆が生まれる契機、動機づけについて具体的な事例も用いて説明する。さらに、エリマネ活動のおおもとにある「絆」の内容が「互酬性」「信頼」であることを示し、「エリアマネジメントは民の絆と連携から始まる」として、事例を用いて説明している。またエリマネ活動は、公共性を担うことになる。そこには、エリマネ活動の効果がエリア外にスピルオーバーすることからくる公共性と、積極的に新しい時代に対応してエリマネ活動を展開していくという意味での公共性があることに言及する。そのうえで、公共性を実現するには民と公の連携が欠かせないこと、すなわち、エリアマネジメントが民間のみの活動ではなく公共との連携によって、より効果の高い公共性を持ったエリマネ活動になることを「まちの価値を公民連携で高める」のなかで説明していきたい。

1-1
エリアマネジメント活動とは何か

虎ノ門地区 新虎通りの旅するスタンド（提供：森ビル株式会社）

エリアマネジメント活動の始まり

エリマネ活動を進めるためには、エリア内のさまざまな主体との緊密な関係性を構築し、さらに課題、価値観等を共有する必要がある。したがって、エリアマネジメントを担う主体はエリア内の関係者を繋ぎ、価値観の共有を促すような取り組みから始めていくことが必要である。それが1－2節で述べる「エリアマネジメントは民の絆から始まる」ということである。たとえばまずエリアの多くの関係者が共通して課題と認識し、かつ比較的容易に協働して解決可能な活動から取りかかったり、逆にこれまでにない活動を社会実験的な試みとして行いエリア内で価値観を共有したりすることが必要である。

これまでのエリマネ活動を類型化して考えると、まずエリアが抱えている課題を共有し、その解決に向けて行動する活動がある。次に、エリアが擁している資源を活用し、エリアの活性化に関係者が協働して取り組む活動がある。このような活動を実践することにより関係者の絆は強まり、エリマネ活動は深化する。さらに将来のエリアのあり方を考えると、これからの社会動向に対応するエリマネ活動、すなわち「新たな公」を担う活動に乗り出すことが考えられる。

わが国のエリマネ活動が参考にするものとして海外のBID制度がある。BID制度について明確な定義はないが、一般的には確定されたエリア内の不動産所有者や事業者から徴収される負担金により、そのエリアの維持管理、開発、プロモーションを行う仕組みである。

BID団体の活動は、「Clean & Safe」と言われる清掃、防犯活動がまずあり、さらに公共施設の維持管理を加えた「行政の上乗せ的なサービス」と、マーケティング、プロモーションといった「商業・産業振興的なサービス」に大別される。一般に、米国のBIDは前者の取り組みに、英国のBIDは後者の取り組みに重点を置く傾向にあると言われる。

具体的に、米国におけるBIDの活動内容を見ると、清掃、防犯・治安維持が中心となっている団体が多いが、駐車場・交通サービス、集客・受入活動、公共空間のマネジメント、社会事業、ビジネス誘致等の活動も行っている。

一方、米国と比べ、英国ではまちの賑わいの創出など商業・産業振興的なサービスに重点を置く傾向がある。それはエリアマネジメント団体（以下、エリマネ団体という）を構成している中心的主体が商業施設関係者であることからきている。

なお、わが国で2018年に制定される予定であるエリアマネジメント制度(p.203参照）は、来訪者の増加による事業機会の拡大や収益性の向上を図ることによって、地域再生を実現することを第1の目的としており、英国のBID制度に近い活動内容を期待していると考える。

●エリアの課題を解決する

エリアの課題解決のテーマとして、エリマネ活動の始まりに行われることが多いのは、わが国においてもエリアの清掃である。先に述べたように清掃は、防犯と並んで海外のBID活動の一丁目一番地であり、とくに清掃はエリア内の関係者の協働活動を進めてエリマネ活動の手がかりを作るものである。さらに、多くの都市で中心商店街などの衰退問題への対応が急がれているが、とくに多くの地方都市ではまちの賑わいづくりが必須となっている。そこでエリマネ活動の一環として、まちなかでさまざまなイベント活動を実施し、まちなかに人々をひきつけ賑わいを作りだす工夫をしている。また多くのエリアで実施している活動として、夏季の打ち水がある。これは大都市都心部などで課題とされているヒートアイランド現象という課題の解決への意識を醸成する活動でもあり、かつ多くの方が一斉に参加できるという点でも協働活動として意味のあるものである。

一方でそのような一般的な課題解決とは異なりエリア独自の課題を解決するエリマネ活動もある。

たとえば神田淡路町を中心に活動している「一般社団法人淡路エリアマネジメント」は「神田ワテラス」という再開発事業と連動してエリマネ団体が生まれ、活動を展開している。その活動にあたって淡路町エリアの中心的な課題として、エリアの周辺が大学のまちと言われているにもかかわらずエリアに若年の居住者が少なく、そのことが、エリマネ活動を進めていくうえで大きな課題であるとの共通認識があった。そこで再開発事業の一要素として「学生マンション」を取り込み、東京都心であるが学生にも住める家賃設定とした。そして公募形式で学生を募った結果、学生の居住者が増加している。それらの学生がエリアのエリマネ活動に積極的に参加し、活動を活性化させている。

横浜駅地区では、西口地区、東口地区が連携して「エキサイト横浜エリアマネジメント協議会」を立ち上げ活動を始めているが、西口、東口両地区の地権者、営業者がエリマネ団体を立ち上げる契機となったのが「横浜駅大改造計画」にある横浜駅の水害などに対する脆弱性である。横浜駅は周囲を海、河川、運河で囲まれており、近年の集中豪雨の多発、地球温暖化にともなう高潮の脅威にさらされているにもかかわらず、横浜駅構内の人々の動線は地下空間に限られており、長年にわたりエリアの課題となっていた。そこで横浜駅周辺地区の関係者の参加をもとに、横浜市が中心となって「横浜駅大改造計画」作りが行われた。西口全体の地盤面をかさ上げするという長期間にわたる活動があるが、それ以外の中心的テーマに線路上空にデッキを渡して、西口と東口を線路上空で結び、地下のルート以外に上空のデッキのルートを作りだす活動がある。さらに大改造計画と関係する個々の民間開発では、線路上空に設置されるデッキとの高さレベルでの連携を図ることにより開発間で段差の違いを作らず、これからの高齢社会などへの対応を図ることにしている。

●エリアの資源を活かす

エリアには多くの場合、エリマネ活動を関係者で協力して取りかかることができる資源が存在する。歴史的建築物、公園などの空間、緑地、河川、道路空間、景観を形成するまち並み、地域特有の機能や活動の場などである。まず、エリアに存在するこれらの資源をエリアの関係者で確認する必要がある。慣れ親しんでいるため意識されていない資源や埋もれている資源がエリアにはあるので、関係者でそれらを探し出す作業や、マップとしてまとめる作業もエリマネ活動の第1歩として考えられる。

そのうえで、エリアの資源をどのように活かしていくかを考え、エリア内で考えを共有するためのシンポジウムやディスカッションの作業もエリマネ活動の始まりとして重要である。さらにそれら資源を活かすための計画づくり、ガ

エリアの課題を解決する

学生マンション

コミュニティ施設

本体棟

アネックス棟

▶神田ワテラスの学生マンション
（安田不動産株式会社資料より作成）

東口駅前広場

ターミナルコア

ターミナルコア

ターミナルコア

線路上空デッキの検討・整備

ターミナルコア

ターミナルコア

ターミナルコア

西口駅前広場

主な開発想定エリア

▲横浜駅大改造計画における線路上のデッキ（エキサイト横浜22ガイドラインより作成）

エリアの資源を活かす

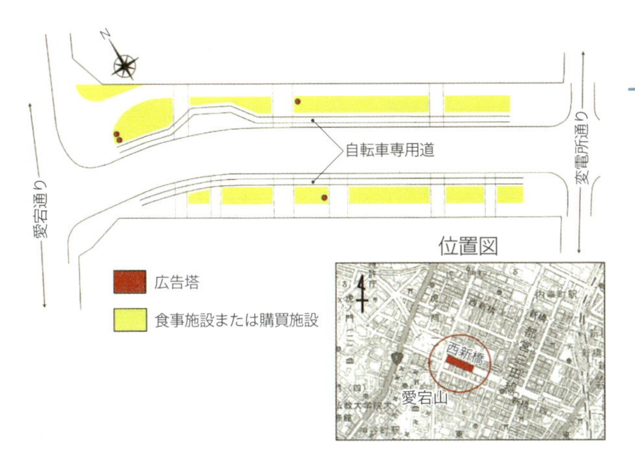

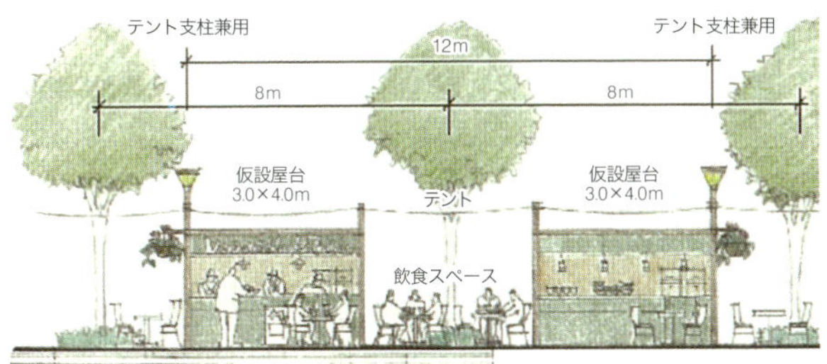

◀虎ノ門地区：新虎通りの活用
（森ビル株式会社資料より作成、原出典：（上）東京シャンゼリゼプロジェクト（東京都建設局）、（下）shintora avenue（森ビル株式会社））

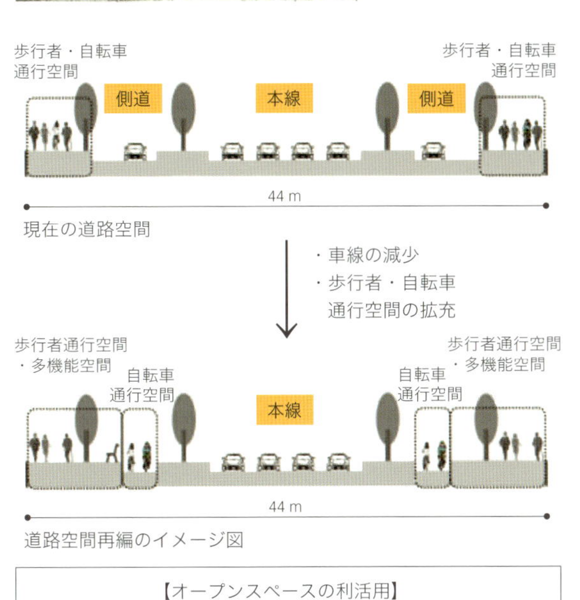

▲大阪御堂筋地区における広幅員道路の活用など（大阪市資料より作成）

イドライン作りを関係者で進める必要がある。

たとえば、大阪市には中心部に「御堂筋」という幅員44 mの道路がある。大阪市の中心部を南北に貫くメインストリートとして整備され、2017年に建設から80周年を迎えたところであるが、現時点では道路構成が中心部の車道、側道、歩道と別れており、どちらかというと道路でまちを分断しているきらいがある。建設当時とは社会情勢が大きく変化し、人々の行動形態や周辺のまちの状況も大きく変わってきているなかで、「御堂筋」を空間資源として活用する必要があるとの認識が御堂筋沿道の関係者に生まれてきた。御堂筋沿道には「きた」から「みなみ」までいくつかのエリマネ団体が成立しつつあり、それら組織にとって「御堂筋」を重要な空間資源として活用する可能性を追求する試みの必要性が認識されてきた。その結果、道路の構造改変によって側道を廃止し、歩道幅員を拡大するなどしてエリマネジメント空間として活かす実践が社会実験を介して進められている。

また虎ノ門地区の「新虎通りエリアマネジメント協議会」では、エリアの中心にある新虎通りが、歩道幅員が広い道路として新たに築造されており、その空間を資源として活かし、歩道上に建築施設を置き、商業店舗として活用する試みが進んでいる。その商業店舗は、まず、「旅する新虎マーケット」として原則3カ月交代で地方都市の特色ある飲食等を提供しており、地方再生に寄与する役割も担っている。

さらにエリアにある資源をエリマネ団体の関係者でマップ化するなどの作業の一事例を紹介すると、東京港区の竹芝桟橋が所在する竹芝地区に地元地権者を中心に結成されたエリマネ団体である「竹芝エリアマネジメント協議会」で進められてきた。

●「新たな公」を実現する

これまでのエリマネ活動の実際を大別すれば、第1に公的空間、公共空間（以下、公共空間等という）の積極的な利用を予定したデザインガイドラインなどの策定とその実現、さらに第2にそれらの空間のメンテナンスやマネジメント、第3にイベントに代表される地域プロモーション、社会活動、シンクタンク活動などのソフトなマネジメントがある。第4に地区の安全・安心やユニバーサルデザインの実現などの課題を解決するマネジメントがある。またこれからのエリマネ活動として期待される防災・減災や地球環境・エネルギー問題への対応がある。

これまで進められてきたエリマネ活動の多くは、上記したようにエリアの課題解決やエリアの資源を活かす活動であった。それを2－2節ではベーシックな活動としてより詳細に紹介している。そのような活動は今後も必要であると考えるが、エリマネ団体が今後、取り組んでいく必要がある重要なテーマが近年の社会動向から生まれてきている。それを簡潔に述べるならば、これまでのエリア内を対象とした「内向きのエリマネ活動」から、新しい社会動向を見据えた「外向きのエリマネ活動」への展開である。

すなわち、先に述べた社会的な課題である「環境・エネルギー」および「防災・減災」に関する取り組みをエリマネ活動の重要な取り組みとしてさらに積極的に実践する必要がある。それを2－3節では公共性が高い活動として詳細に紹介している。環境への配慮や大災害への対応といった、近年急速に意識されている社会的課題は、都市の作り方や都市の活動と密接に関係しており、エリアの地権者をはじめとする多くの主体が連携して取り組むことによって効果が上がる課題である。したがってエリマネ活動の今後の重要な取り組み領域として実践していくことが必要である。

また、先に述べたように「環境・エネルギー」と「防災・減災」を掛け合わせて考え、マイナス（リスク）を減らしプラス（魅力）を生みだすことが必要である。「環境・エネルギー」と「防災・減災」は個別に考えるのではなく、平時の「環境・エネルギー」と非常時の「防災・減災」とを連携する活動として考える必要がある。防災・減災活動としては六本木ヒルズ地区の電源供給システムがあり、3.11の震災時には目覚ましい成果を収めている。また大丸有地区では大都市中心部のヒートアイランド化を緩和する「風の道」づくりが進められてきた。

「新たな公」を実現する

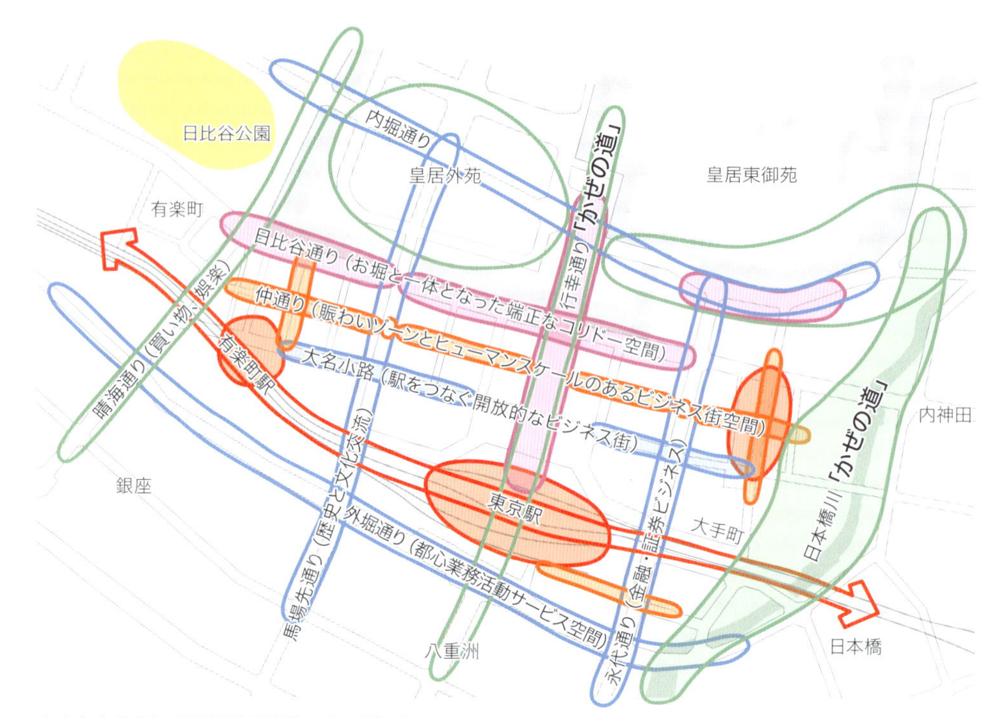

▲大丸有地区の環境関連活動：風の道づくり（大丸有まちづくりガイドラインより作成）

次の時代を先取りする

KNOWLEDGE INNOVATION

「感性」　「技術」　「新しい価値」

▲ Knowledge Innovation（グランフロント大阪資料より作成）

「感性」と「技術」の融合による新しい価値創造

企業人、研究者、クリエイター、そして一般生活者。さまざまな人々が、一人ひとりの持つ「感性」と「技術」を融合させ、「新しい価値」を生み出すこと、それが「ナレッジイノベーション」です。広い視野をもって未来を見つめ、分野を超えた才能が協業してプロジェクトを起こし、たくさんの一般生活者の声をフィードバックしながら洗練させていく。そのようなイノベーションで、私たちは世界を変えていきます。

▲大丸有地区：エコッツェリア（エコッツェリア協会資料より作成）

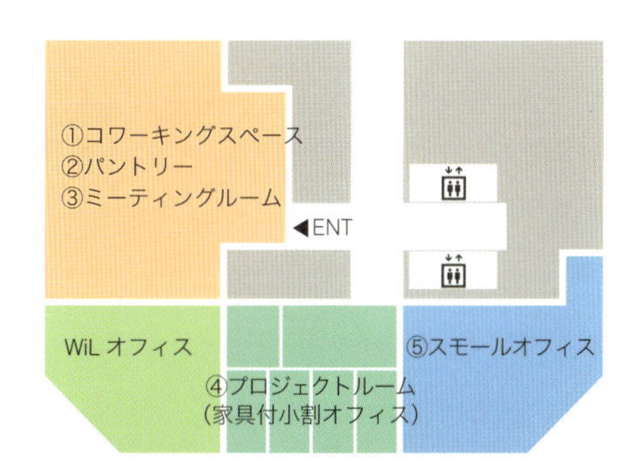

▲虎ノ門エリア：イグニッション・ラボ・ミライ、セミナーや勉強会等のイベントも開催可能（森ビル株式会社資料より作成）

次の時代のまちづくりを先取りする活動

「エリアマネジメント活動の始まり」では、これまでのエリマネ活動を類型化して示したが、今日、これからのまちづくりを先取りするエリマネ活動の必要性と可能性が生まれてきている。それを2－4節ではエリアの将来を作りだす活動として詳細に紹介している。

エリアの特性を際立てるものとして、エリアに根づいている従来の産業に加えて、新たな産業を地域に根づかせる活動が始まっている。ITに関係する新産業、生命などの新たな学問分野に関係する産業、新たなライフスタイル創出に関係する産業などさまざまであるが、それらを地域に根づかせる活動は、エリマネ活動の今後にとって重要である。すでにその先端的事例のいくつかはエリアに根づき始めている。

たとえば、大阪の梅田地区「うめきた」では、グランフロント大阪の中核施設として「ナレッジキャピタル」を設置。多様な人々が集まり知を集積する場として、大阪に新たな地域価値を作りだし、成功を収めつつある。

そのグランフロント大阪を1期の開発として展開した大阪北ヤード跡地は今後2期の開発が進むことになっている。2期の開発テーマは「みどりとイノベーション」とされており、うめきた地区にさらなるイノベーション機能が位置づけられることが期待されている。

また東京大丸有地区では「エコッツェリア」という施設を作り、環境、経済、社会という3つのギアが回る拠点で、大丸有地区の企業、勤務者が自宅でも、会社でもない第3の場所として3つのギアを考慮した活動を始めており、これも多くの参加者を得て活動が活発化している。

さらに、東京虎ノ門地区では、将来虎ノ門地区で展開することを想定して、近くのオフィスに次世代のビジネスモデル創造・事業化の支援施設「Ignition Lab MIRAI（イグニション・ラボ・ミライ）」が作られている。それらは虎ノ門エリアに新たな地域価値を生みだそうとする活動である。

これからのエリアマネジメントが必要とする政策・制度

先に述べたように、これまでのエリア内を対象とした「内向きのエリマネ活動」から、新しい社会動向を見据えた「外向きのエリマネ活動」への展開を考えると、エリマネ団体が、いわば「新たな公」を担う組織として活動することになる。とくに業務商業機能が集積している大規模ターミナル駅周辺などで活動を行っているエリマネ団体が、そのような活動を行うことは次のような意味があると考える。

わが国の拠点都市の中心部は、有事、すなわち大災害が起きた時には日時をおかずに復活するエリアであることが必要であり、そのような備えをしていることを幅広く世界に情報発信する必要がある。また平時には、地球環境問題を常に意識した活動を行っているエリアであることの情報を世界に向けて発信することも必要である。また、先に述べたように、エリアに根づくことが期待されている機能としては、ITに関係する新産業、生命科学などの新たな学問分野に関係する新産業、新たなライフスタイル創出に関係する新産業などさまざまである。そのようなエリマネ活動の新たな展開を考えると、わが国のショーケースとして、そのようなエリアを積極的に活用するエリマネ活動は重要である。また、この種のエリマネ活動を支えるために、制度的支援や規制の緩和等のさまざまな政策や制度が必要になると考える。

1-2

基本的な考え方と仕組み

虎ノ門地区 新虎通りの旅するスタンド（提供：森ビル株式会社）

エリアマネジメントは民の絆と連携から始まる

これまでのエリマネ活動は、エリアの地権者、事業者、住民などが絆を結んで一定のビジョンとルールを作り、それをもとにエリアの価値を高める活動を連携して展開してきた。

また、大都市の中心部にあるエリアでの民の活動として展開してきた事例が多く、エリマネ活動の対象は民の力による活動が中心ととらえられてきた。

しかし、大都市のみではなく、中小都市においてもエリマネ団体が生まれており、2016年には、大都市から中小都市を含めた全国のエリマネ団体で形成する全国エリアマネジメントネットワークが設立された。本書では、その全国エリアマネジメントネットワークも活用して資料を収集しているので、中小都市の活動なども視野に入れている。

さらに、考えてみると、エリアの価値を高めることはエリアの民にとって確かに重要であるが、それは一方で公、とくに自治体にとっても重要な活動である。

これまでのエリアマネジメントが大都市の中心部で民の力から始まったために、公の役割を十分認識してこなかったきらいがある。エリマネ活動を大都市のみではなく、中小都市を含めたさまざまな都市における活動と考えると、公、とくに自治体の役割を考える必要があると考える。

民の活動は、エリアの関係者間の絆がおおもととなるが、公の活動を含めてエリアマネジメントを考えると、民と公の連携が重要になる。

●絆の中心は互酬性と信頼である

さて本書が中心的に扱う民の地域価値を高めるためのエリマネ活動の実際を考えると、その内容はいくつかの類型に分かれる。それは1-1節で見たように、第1にエリアの課題を解決することである。第2にエリアの資源を活用することである。さらに第3に新たな社会動向にエリアとして対応してゆくことである。

エリマネ活動の多くは短期間で目に見えて成果を上げるものではないので、

民の絆の中心には、一定期間にわたって絆が維持されるための信頼と互酬性が必要であり、そのような絆は別の言葉で社会関係資本（Social Capital）と言われている。またここで言う信頼は、人的信頼にとどまらず、一定のルールをガイドライン等というかたちで結びあった背景を持つシステム的信頼である。それはまた、関係者の一部が入れ替わることがあっても、エリア内の信頼関係は継承されるという意味でもシステム的信頼関係であると言える。また互酬性はエリアの民の１人１人が自らエリアのために活動するが、それはエリアの多くの方々が地域価値を高めるという同じ思いを持ち行動するという関係が絆をもとにできていることからくるものである。互酬性を平易に表現すると「私はエリアのこれからを考え活動するが、エリアの他の関係者もきっとそれと同じ思いで活動してくれる」という関係をエリア内で生みだすものである。

●エリアの価値を民の絆（ネットワーク）によって高める仕組み

エリアマネジメントは、まちの価値を公民連携で高める仕組みであるが、そもそもはエリアの価値を民の絆（ネットワーク）によって高める仕組みがおおもとにあっての仕組みである。

その仕組みの代表事例が、絆があることによってエリア内のさまざまな連続性が確保されている事例である。連続性のある空間が作られることによってエリア内の活動が魅力的で、かつエリア全体をカバーするものになり、かつソフトな仕組みによって関係する民が一定の受益を受けるとともに、エリアとしてもまちのマネジメントの面で成果を得ることができる仕組みである。

このような仕組みとしていくつかの事例を挙げることができる。第１は、エリア内の関係者の絆があることを活かした、ガイドラインやルールによって連続性を持った空間整備が実現することである。いわば次元の高いハードな空間整備を民の連携で実現する事例である。それに対して第２の事例は、絆を活かして、駅周辺など車が集中することが好ましくない場所に大きな駐車場を設置しなくてすむなどの仕組みである。いわば、ソフトな仕組みであり、それらはある意味で信頼をもとに互酬性の世界を実現していることと考えることもできる。

●民の絆によってハード面の空間整備を連続させる仕組み

民の絆によってエリアの価値を高めるものとして、オープン・スペースの連続性の確保、緑空間の連続性の確保で実現する事例が日本にも多い。その典型事例がオープン・スペースの連続性を確保し、その連続空間をエリアの魅力的な空間として位置づけてエリマネ活動を集中的に展開している事例である。

大丸有地区における仲通りの空間整備とそこでのエリマネ活動がある。丸の内仲通りは大丸有地区を東西に貫く区道であり、近年では大手町まで延伸されて、エリアのエリマネ活動が展開される中心的な通りとなっている。区道は中心の7m車道部と両側に1mの歩道部があるが、歩道：車道：歩道の幅員をそれまでの1m：7m：1mから7m：7m：7m（※歩道7mは区道1m＋各民有地における建物の壁面後退6m）に整備し、クルマのための通路から人が中心の空間となった（図1）。

さらに沿道の建物が再開発される際に、ガイドラインにそって日比谷通り側などは壁面をそろえて統一感のあるまち並みとするが、仲通り側は公開空地やアトリウムを配置し、年を追うごとに通り空間として魅力を増してくるように配慮されている。そのような通り空間を活かして、さまざまなイベント空間としての活用がなされており、近年では道路部も使った社会実験が繰り返され、

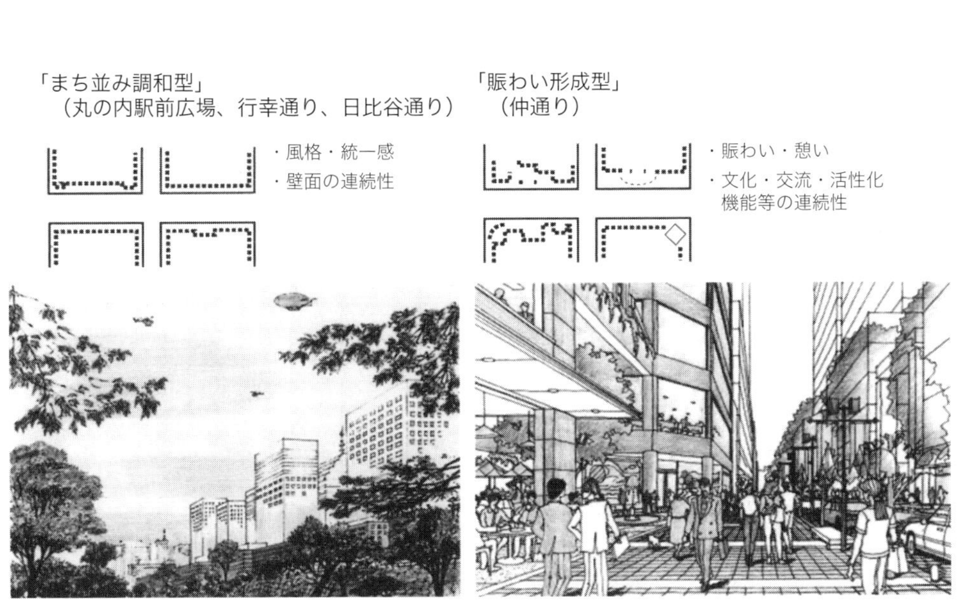

図1　大丸有地区仲通りの空間整備（大丸有まちづくりガイドラインより作成）

道路部と歩行空間部全体を使ったオープンカフェなどが展開されている。

●民によるソフトな仕組みで互酬性の世界を実現する

駐車場の整備は開発につきものであるが、開発地内にルールどおりに駐車場を整備することがエリアにとって好ましくない場合、エリア内の民の連携を貢献要素と考えて、駐車場整備のソフトな仕組みを公が実現する事例がある。たとえば、駅周辺など車が集中することが好ましくない場所に大きな駐車場を設置しなくてすむなどの仕組みである。具体的には駅周辺で大規模開発を行うと、開発床面積に応じて駐車場の設置義務が発生し、また駅周辺での立地を活かすため商業床開発が加わり、さらに駐車場設置義務が課され、それが駅周辺の個々の商業ビル、業務ビルに課される。しかしそれらをすべてルールどおりに実現すると多くの場合、駐車場が過剰に設置されることになり、駅周辺に車を集中させるという好ましくない結果を招く。そこでエリアで民が絆を結んでエリマネ活動を展開している場合、駐車場の共同利用が可能となること、さらにオフィスと商業では駐車場利用の時間差や曜日差があるため、その整備すべき

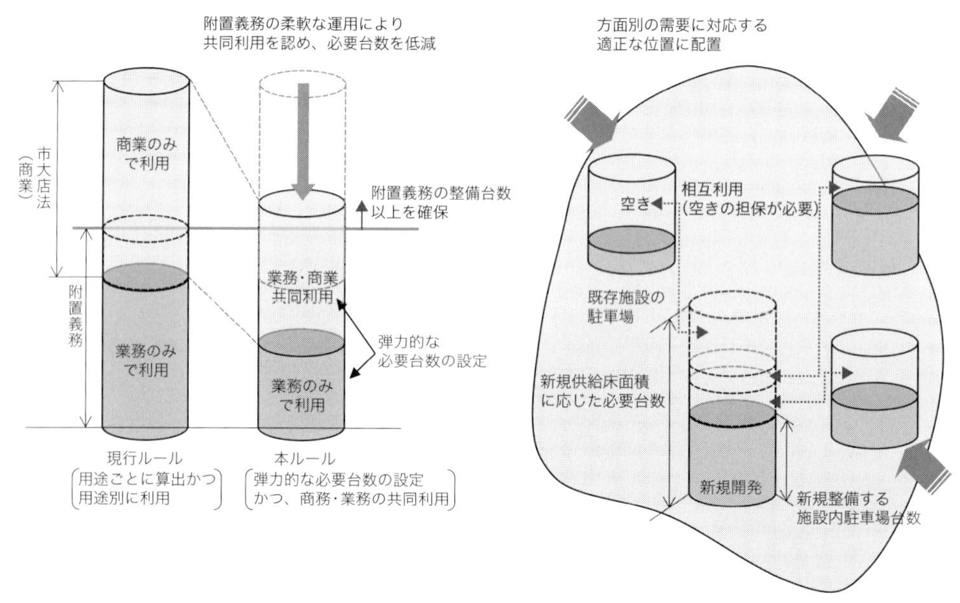

図2　横浜市の駐車場条例の仕組み（横浜市資料より作成）

駐車場台数を低減できる条例を地元自治体が策定することになる。横浜市、東京都渋谷区などの駐車場条例による適用事例がある（図2）。

まちの価値を公民連携で高める

●公が税金を投資し、民がエリアを活性化する仕組み

エリマネ活動は「新たな公」を担い、公がこれまで担ってきた「大公共」とは異なる側面で公共性を発揮する活動である。しかもこれからの日本の都市を考えると、これまでのようにディベロップメント（開発）を中心にまちを再生してゆくことだけでは限界があり、マネジメント（運営管理）をあらかじめ考慮してまちを再生してゆくことが重要になってきている。

したがって公が担ってきた開発に対応する役割とコントロールという役割に加えて、エリアの単位で絆を結んだ民と連携してまちを再生してゆくことも公の重要な役割になると考える。

ディベロップメント（開発）が中心の時代には、公は都市全体を考え都市の基盤を整備するという「大公共」の役割を中心的に担ってきたが、マネジメント（運営管理）も重視しなければならない時代には、エリアを絞って公共投資を行い、その公共投資が確実に活かされるように、民によるエリマネ活動によって「小公共」を実現することが重要である。すなわち対象とするエリアの民がエリマネ活動によって積極的にまちの価値を高めようとしているエリアを中心に公共投資する時代に移行しなければならないと考える。それは結果的に公共投資が、エリア価値の上昇により、公の税収に好影響を生みだすものであると考える必要があるからである。

そのような考え方を具体的に示してきたのが、図3の横浜大改造計画の基本的考え方である。そこでは、横浜駅中心部の地域価値を上げることにより、民も事業投資が活かされるエリアとなり、また税収増から公が税金を十分に回収できるエリアに税金を「投資」するという考え方が示されている。そのような

図 3　横浜駅大改造計画でのエリアマネジメント活動と地域価値の上昇
（エキサイト横浜 22 ガイドラインより作成）

公と民の関係をエリア全体で活かす仕組みが、わが国のこれからのエリマネ活動には必要である。

●わが国では、海外の BID と TIF の関係の認識が不足している

BID 制度については 3 章において詳細に紹介するが、アメリカに伝統的に存在する特別行政区の一種である。州法から授権された市町村が、都市によって違いがあるが、地権者あるいは事業者などで構成する民間組織の申し出により、BID エリアとし、エリアの関係者から固定資産税に上乗した課金を市町村が徴収して、エリア組織に活動資金として提供する仕組みである。課金する金額は市町村によって認定されたエリア組織の活動計画から算出された額である。エリア組織は市町村からの資金と自主的に獲得した資金を加えて活動を行う。自主資金として、地区内に民間企業などの広告を掲出して獲得する資金、オープンカフェなどの事業を行って上げた資金、民間からの寄付金など多様である。

これまで、海外のエリマネ活動として BID が中心的に紹介されてきたが、BID のみでまちの再生を担っているのはニューヨーク市などだけであり、他の都市の多くは、ソフトな BID 活動とハードな空間整備が連携している場合が多い(p.99)。その一例が BID と TIF がさまざまなかたちで連携して都市再生、まちなか再生を進めている例である。

TIF（Tax Increment Financing）とは、TIF 法という州法を根拠として、将来の租税増収を担保とする財源債により資金調達を行い、エリアのインフラ整備などを行う仕組みである。TIF の対象となるエリアの要件は、衰退が進み、現状の

図4　シカゴ市ステートストリートの TIF と BID（シカゴ市資料より作成）

路上照明の演出　　パブリックアート

図5　ステートストリート BID（SSA）組織（出典：シカゴ市資料）

ままでは、新規投資が行われる見込みがないが、何らかのインセンティブが与えられれば、再生・発展の可能性があるエリアとされている。歩道整備などをともなう開発とその開発を活用した BID 活動などにより、一般に財産税の増加が実現するが、その分のすべてについて、市に徴収する権限が与えられる。そして、TIF によって集められた資金の使途は当該地区の身近な基盤整備などまちの再生に限定される。当該地区に税収増加分が割り当てられる期間は 20 年

〜30年と決められているが、財産税は比較的安定的な税収であるので、先々の収入（財産税）を償還財源として市等が起債して集めた資金を先行的な基盤整備資金として使うことが可能となる。したがってTIFは、特定の地域の身近な基盤整備資金の一部をその事業効果により将来生まれる税の増加で補うという機能を持っていることになる。

シカゴ市におけるBIDとTIFの連携による都心再生では、シカゴ市のメインストリートであるループ地区のステートストリートを中心に、行政がTIF（Central Loop TIF）を設定して街路整備などを行った。この際このエリアのBID（Chicago Loop Alliance）と行政があらかじめ協議をしており、BIDが、TIFによって整備された街路などを利用して地域を活性化するため、積極的に清掃、警備、美化、官民施設の改変、建築デザインのコントロール、アートプログラムなどのイベント、店舗の多様化などに取り組んでいる。

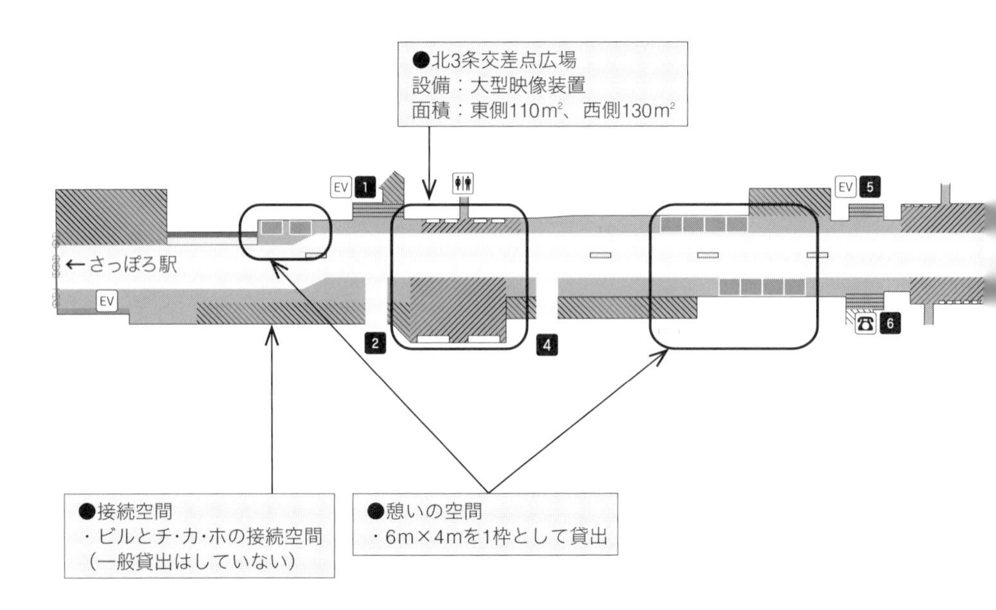

図6　札幌駅前通地下歩行空間の平面構成（札幌駅前通まちづくり株式会社資料より作成）

●日本における公民連携による基盤整備とエリアマネジメント活動

このような BID と TIF の連携は、BID による活動と TIF による身近な基盤整備の公民連携の関係であり、人口減少でまちなか再生が必要なわが国のまちづくりの仕組みとしても検討すべき価値があると考える。

実は、わが国でも似たような事例が検討されている。代表的な事例が大阪市における水辺空間整備とミズベリング活動や、御堂筋道路再編整備とその整備を活かす可能性が高い御堂筋沿道の多くのエリマネ団体による活動である。

一方、まだ例外的な事例であるが、日本においても公民連携によるエリア価値を高める仕組みが実現している。それは、札幌駅前通地下歩行空間（チ・カ・ホ）の整備と札幌駅前通まちづくり株式会社のエリマネ活動である（図 6）。

札幌駅前通地下歩行空間の整備を札幌市が担い、新たに生まれた地下道空間を札幌駅前通まちづくり株式会社というエリマネ団体が活用している。具体的には、札幌市は、民による活動を実現する資金源とするため地下道を単純な道

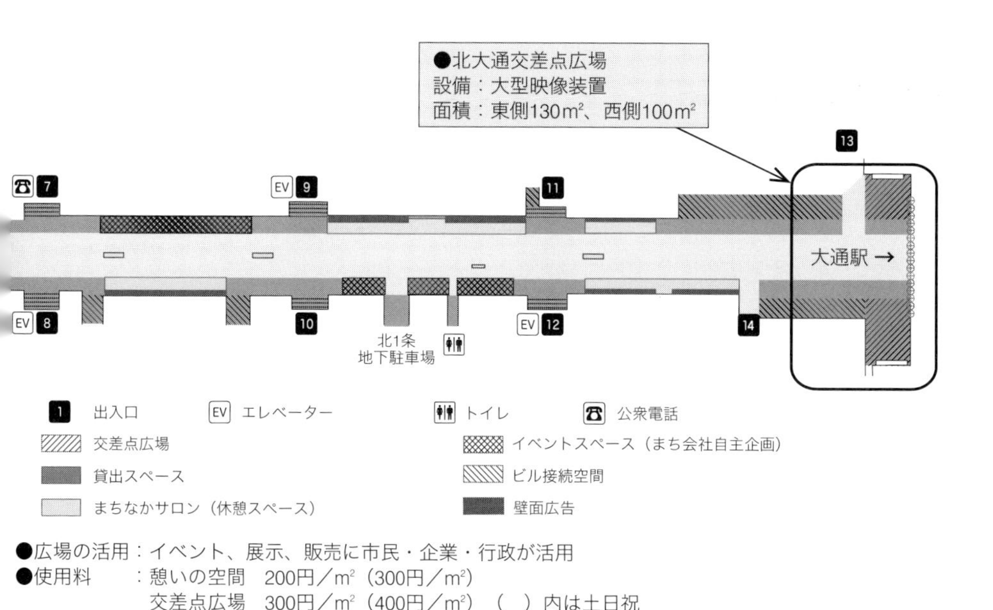

路空間とせずに、中心部の地下道と両側の広場の2つで構成し、広場区間を活用してエリマネ団体が活動資金を獲得できるようにし、それとともにエリマネ活動空間としても活かせるように整備している。

キタサン HIROBA（北3条交差点広場）で開催されたリサイクルアート展

接続広場は多くの人に利用されている

図7　札幌駅前通地下広場の活用事例

CHAPTER 2

どんな活動が行われているか

エリアマネジメント活動（以下、エリマネ活動という）の始まりは第１章で前述したとおりであるが、その活動を進めるためには、エリア内のさまざまな主体との緊密な関係性を構築し、エリアの課題や価値観等を共有する必要がある。つまり、エリアマネジメントを担う主体はエリアの関係者とコミュニケーション（対話）を重ね、価値観の共有を促すような取り組みから始めていくことが必要である。

全国各地で展開されているエリマネ活動であるが、その活動の出発点にあるのは「エリアの目標づくり」であると考えられる。エリアの地権者、事業者、住民などがネットワーク（絆）を結び、エリアが抱える課題を認識し、エリアが今後どのように変化していくべきかというまちの将来像を共有することから、今日のエリマネ活動が始まっている。エリアマネジメント団体（以下、エリマネ団体という）がエリアの関係者と共同でまちのガイドラインやルールづくりを進めることにより、エリアの目標が定まり、それを軸に多様な活動主体がともに手を携えてまちづくりを推進することができる。

２－１節では、エリマネ活動の出発点にある「エリアの目標づくり」について概観する。「新虎通り（東京都港区）」で行われたエリアビジョン作成のプロセスを事例として取り上げ、どのようにまちの将来像が共有されたかについて紹介する。また、「名古屋駅地区街づくりガイドライン」や「天神まちづくりガイドライン」「博多まちづくりガイドライン」について紹介する。

第２章の２－２節から２－４節にかけては、さまざまなエリアで展開されてい

新虎通り（提供：森ビル株式会社）

るエリマネ活動を示す。幅広く展開されているエリマネ活動は、いくつかの視点から類型化することができる。たとえば、「エリアの課題を解決する活動」「エリアの資源を活用する活動」「エリアの将来を作りだす活動」など活動プロセスによる類型が考えられる。また「互酬性を持った活動」「公共性を持った活動」など活動の性格から類型化することができる。これに対して本章では、過去、現在、未来という時間軸をベースとして「これまでに行われてきたベーシックな活動」「「新たな公」を実現するための活動」「これから期待される活動」の3つに類型して、各活動の意図や事例を紹介する。

2－2節の「これまでに行われてきたベーシックな活動」とは、第1章で前述した「内向きのエリアマネジメント」に該当するものであり、エリアの賑わいづくりを中心とした清掃・防犯・交通対策である。これらの活動はエリアマネジメントの基礎となるものであり、数年にわたって幅広い実績が積まれている。

2－3節の「「新たな公」を実現するための活動」は、「防災・減災」「環境・エネルギー」などの活動を対象にしており、新しい社会動向を見据えた「外向きのエリアマネジメント」に該当する。

2－4節の「これから期待される活動」とはエリアの将来を作りだす活動として、これから期待される取り組みである。エリアに根づいている従来の産業に加えて、新たな産業を地域に根づかせる活動が始まっており、これから期待されるエリマネ活動を取り上げる。

2-1

活動の出発点としての「エリアの目標づくり」

さっぽろ八月祭（提供：札幌駅前通まちづくり株式会社）

エリアの目標づくりには、いくつかのステップが存在すると思われる。最初のステップでは、エリアの地権者、事業者、住民などが協働してエリアの現状を分析し、どのような課題を抱えているかを認識することからはじまる。次のステップでは、まちの将来像をともに検討し、まちづくりの進め方について基本的な考え方を分かりやすく示す。さらには、まちの将来像を実現するためのまちづくり戦略や施策を立て、エリアにおける具体的な取り組み（これが、エリマネ活動に該当する）を計画するステップへと進む。エリマネ活動が進みはじめた際には、エリマネ活動を評価することが重要であり、定量的視点もしくは定性的視点から活動の継続性を検討するステップも必要である。

本節では、エリアの目標づくりという視点から、エリアビジョン作成に向けたプロセスや、まちづくりガイドラインの事例を紹介する。

エリアビジョン作成に向けたワークショップ
—新虎通り

東京都港区にある新虎通り（各地のエリアマネジメント6掲載）は、2020年開催の東京オリンピック・パラリンピックの際に、選手村（中央区晴海）と新国立競技場（新宿区霞ヶ丘町）を結ぶ重要な道路の一部として位置づけられている。愛宕下通りから赤レンガ通りまでの約450mは道路幅員40mのうち3分の2が歩道（片側13m）であり、この広い歩道空間を活用してエリマネ活動が展開されている。現在工事中の日比谷線新駅を中心として今後さらなる魅力的なまちへの進化が期待されている。

●エリアマネジメント団体の立ち上げ

2014年3月に、対象区域内の土地所有者、建物所有者などが加入する「新虎通りエリアマネジメント協議会（以下、新虎協議会という）」が発足した。新虎協議会では、今後どういう活動をしていくのか、活動するにあたりどういう体制を作っていけばいいのか、について検討がなされた。2015年10月には、「一般社団法人新虎通りエリアマネジメント（以下、(一社)新虎エリマネという)」という組織が発足し、(一社)新虎エリマネを実行組織としてさまざまな契約行為が可能になった。現在は、(一社)新虎エリマネと新虎協議会という2つの団体が連携を行い、エリマネ活動が進められている。

●目指すべきまちの方向性としてエリアビジョンを作成

(一社)新虎エリマネを設立後、最初に行われたことは、地元の方と一緒に「まちの将来像」を描くことであった。エリアマネジメントとは何か、地域資源とは何か、について話し合い、目指すべきまちの方向性をエリアビジョンというかたちで定めようという試みである。エリアビジョンとは、おおむね10～20年後を想定して、エリアが目指す方向性・将来像を示すものである。エリアビジョンを作成することにより、ビジョンを実現する指針であるガイドラインや具体的活動計画を示すアクションプランへ繋がってくる。

●エリアビジョン作成のためのワークショップ

新虎協議会と(一社)新虎エリマネは、エリアビジョン作成のためのワークショップを3回にわたって開催した。第1回ワークショップ(2016年1月)では、「新虎通りエリアの未来を考える」というテーマを掲げ、47名が参加した。(一社)新虎エリマネの事務局が土地所有者、建物所有者などに声をかけ、会場には多くの参加者が集まり、さまざまな意見が交わされた。地域資源の発見、現在抱える課題、エリアの魅力、エリアの将来像、集客力を高めるアイディアなどを話し合った。模造紙にポストイットで意見を貼りながら、各チームで意見をまとめ発表した。

第2回ワークショップ(2016年2月)は、「新虎通りエリアの未来アイディア交換会」というテーマを掲げ、36名が参加した。前回と同じグループ構成とし、「集まる」「交流する」「発信する」「ささえる」という4つのキーワードからエリアマネジメントのアイディアについて活発な議論が交わされた。

第3回ワークショップ(2016年3月)は、第1回、第2回ワークショップで得られた意見をもとに「新虎エリアビジョン作成ワークショップまとめ・総括」が行われた。

●地元と一緒に作りあげた新虎通りエリアビジョン

3回のワークショップを重ねて、新虎通りのエリアビジョンが作成された。

「未来を創造する新しい価値」や「街に息づく伝統」というキーワードから、多くの人を惹きつけ、新しいアイデアや多彩な文化・経済活動が創造されるまち『国際新都心』の形成が将来像として掲げられた。また、エリアマネジメントの考え方として、「1. ヒト・モノ・コトが集まる街」「2. 交流を通じて新しい価値が生まれる街」「3. 国内外へ文化・情報を発信する街」「4. 持続可能な仕組みを備えた街」という4つの視点からエリアビジョンが示された。

●エリアビジョン作成の目的と効果

(一社)新虎エリマネは、こうしたエリアビジョン作成には2つの目的があるとしている。1つ目は、「エリアが目指すビジョン（共通認識）を作成し、共有すること」であり、2つ目は、「今後のエリアマネジメント活動の幹を作ること」である。エリアの地域資源や課題を地元と一緒にしっかり議論することにより、多くの人と共通の認識を持てるようになる。そして、今後のエリマネ活動を支えるベースを作り、実際に行う活動の位置づけを明確にすることができる。新虎通りのエリアビジョンに基づいて最初に実施された取り組みは、「打ち水イベント」である。現在行われている定期的な清掃活動や、さまざまな賑わい活動もこのエリアビジョンによって展開されている。

まちづくりガイドラインの事例

次に、エリアの目標（ビジョン)、戦略、施策、活動評価指標などが示された3つの特徴的なまちづくりガイドラインについて紹介する。

●まちの将来像［名古屋駅地区街づくりガイドライン 2014］

名古屋駅地区街づくり協議会（愛知県名古屋市）は、2011年に「名古屋駅地区街づくりガイドライン」を策定し、「2025年のあるべき街の将来像」を示している。ガイドラインは2014年に改定され、4つの戦略（「空間形成戦略」「安全性向上戦略」「環境負荷低減戦略」「コミュニティー形成戦略」）を新たに掲げた。名古屋駅エリアの課題である災害対応の項目が特徴であり、東海豪雨や

新虎通りのビジョンづくり

1

2

1　新虎通りと虎ノ門ヒルズ（提供：森ビル株式会社）
2　エリアビジョン作成のためのワークショップ（提供：新虎通りエリアマネジメント協議会）

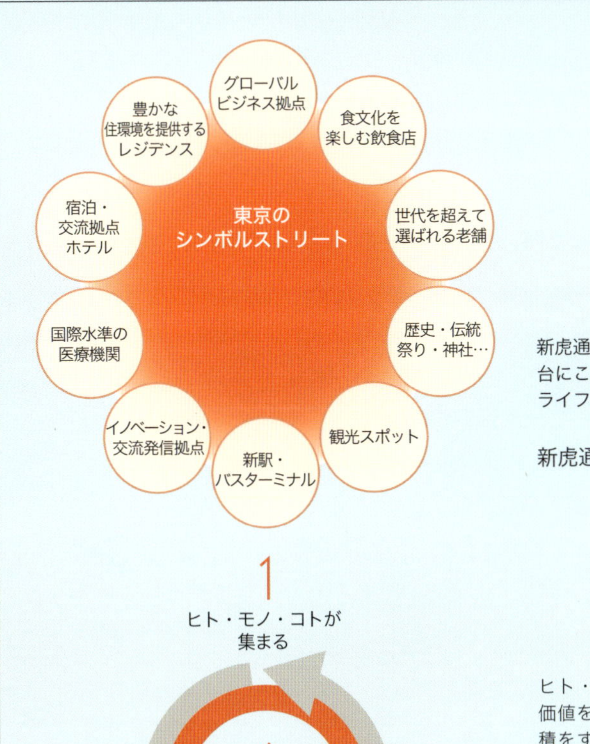

新虎通りが繋ぐ多様性に溢れるこのエリアを舞台にこのエリアだからこそ実現できる質の高いライフスタイル・ビジネススタイルを創造

新虎通りエリアが目指す方向性・将来像

ヒト・モノ・コトを集め、交流により新しい価値を創造し、発信することで、さらなる集積をすすめる。それを支える持続可能な仕組みを構築することで、永続的なスパイラルアップの循環をつくりだし、地域価値向上を実現する。

新虎通りエリアマネジメントの考え方

1 ヒト・モノ・コトが集まる街
新虎通りならではの魅力をつくり、訪れるたびに新しい発見、体験ができる街にする

2 交流を通じて新しい価値が生まれる街
多様な価値観の融合、人の交流により、新しいアイデアやビジネスが生まれる街にする

3 国内外へ文化・情報を発信する街
多彩な文化・経済活動を創造し、新虎通りエリア全体を活用して、情報発信する

4 持続可能な仕組みを備えた街
地域価値向上に向けた、既成概念にとらわれない都市空間を創造し、運営する

3 新虎通りのエリアビジョン（森ビル株式会社資料より作成）

南海トラフ巨大地震の被害想定を見据えた安全・安心を重視していることが伺える。ガイドラインによって、水害や地震に備える検討が積極的に進められている。

●まちづくりの検証［天神まちづくりガイドライン］

We Love 天神協議会（福岡県福岡市）は、「天神まちづくり憲章」をベースに、「天神まちづくりガイドライン（2008）」を策定している。特徴的なのは、ガイドラインに「まちづくりの検証」という項目を設定しており、PDCA サイクルによって3つのプロセスから活動の検証を行っている点だ。たとえば、「歩いて楽しいまち」という目標に対して、歩行者数の増加等の定量的な指標と、賑わい等の定性的な指標を組み合わせてその目標が達成されているか否かについて総合的な評価を行っている。検証の結果は、事業計画、3 年ごとのアクションプラン、5 ～ 10 年後のガイドラインの見直しに反映されるという仕組みを設計している。

●「博多まちづくりガイドライン」と「アクションプラン」

博多まちづくり推進協議会（福岡県福岡市）は、「博多まちづくりガイドライン」を策定している。このガイドラインの特徴は、まちの骨格を形成する主軸について、「通りは、まちのイメージを印象づける役割を担っており、まちの

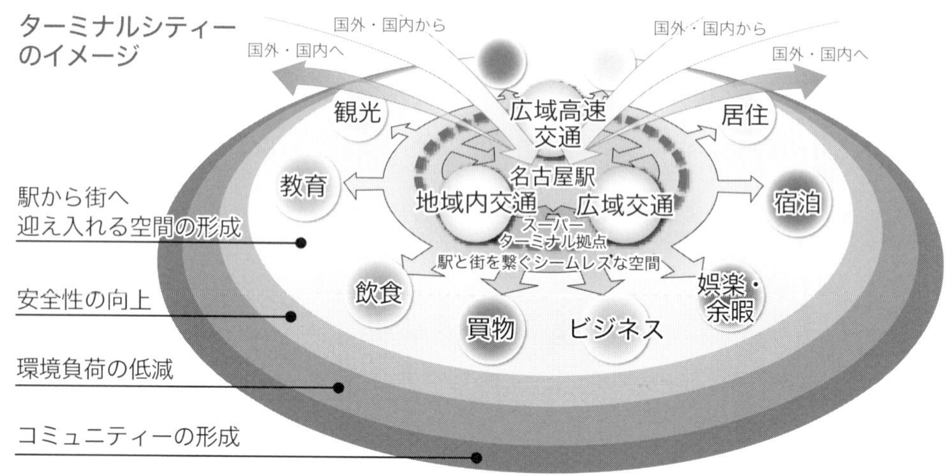

図 1　名古屋駅地区街づくりガイドライン 2014（出典：名古屋駅地区街づくりガイドライン 2014 より作成）

主役だ」と明確に表現している点である。博多駅周辺にある７つの通りを対象に、主軸形成の方針や方策を示し、そのイメージを分かりやすくビジュアル化している。また、「博多まちづくりガイドライン」によるビジョンを踏まえ、具体的な取り組みを進めていくための３カ年計画として「アクションプラン」を掲げている。まちの将来像としてのガイドラインと、その実現へのロードマップを３カ年計画のなかで具体化することで、ビジョンに向かって着実に歩を進めることに繋がっている。

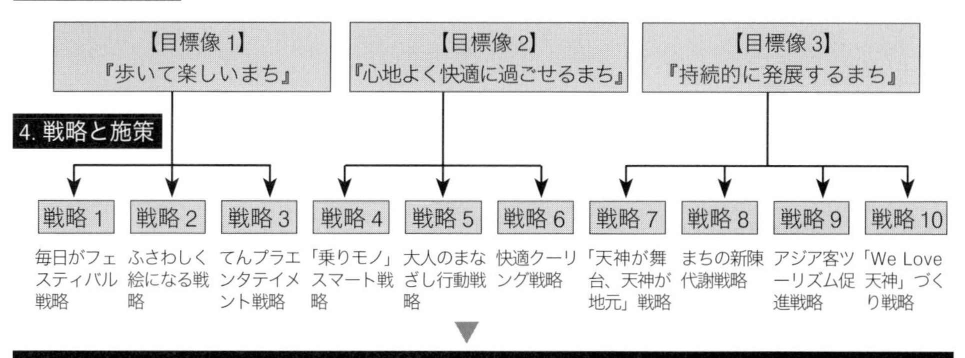

図２　天神まちづくりガイドラインの構成（出典：「天神まちづくりガイドラインの構成」をもとに編集）

2-2

これまでに行われてきたベーシックな活動

STREET＆PARK MARKET（提供：一般社団法人TCCM（豊田シティセンターマネジメント））

これまでに行われてきたベーシックなエリマネ活動について全国各地の事例を大きく3つに分類して紹介する。1つ目は、「賑わいづくり、清掃・防犯・交通対策」である。これらの活動はエリアマネジメントの基礎となるものであり、多くのエリアで、すでに実績がある。2つ目は、「情報発信、コミュニティづくり」である。情報発信は、多くのエリマネ団体が注力している活動であり、コミュニティづくりはエリアのネットワーク（絆）を結び、深めるための重要な取り組みである。3つ目は、活動の財源を確保するための取り組みであり、「オープンカフェ、エリアマネジメント広告（以下、エリマネ広告という）」の活動を紹介する。

賑わいづくり、清掃・防犯・交通対策

●賑わいづくり

エリアの賑わいづくりは、わが国のエリマネ活動の中枢に位置している活動である。多くのエリマネ団体が積極的にイベントを開催しており、人を集めるための催しがさまざまなコンセプトで企画されている。人を集める催しの1つが、季節に応じたイベント開催である。日本の四季をうまく利用したイベントを企画することにより、エリアのイメージを人々に定着させることができ、商業地では経済効果も生まれる。また、エリアにある空間を活用したマルシェ・マーケット等も行われている。マルシェ・マーケットは、屋内外のスペースを利用して週末や早朝の時間帯に開催されることが多く、市民参加の賑わいづくりイベントとして展開されている。

一般社団法人竹芝エリアマネジメント（東京都港区）は、日頃使われていない竹芝客船ターミナルの埠頭空間を対象に「夏ふぇす」というイベントを開催している。「夏ふぇす」は、2015年から始まった地域コミュニティイベントであり、公共空間である竹芝埠頭を活用する社会実験である。イベントは夏の3日間（2015年のみ2日間）で実施されており、年々参加者が増加している。地域

の人々や就業者の交流を深めるイベントとしてエリアに定着しつつあり、今後の展開が期待されている。

また、札幌駅前通まちづくり株式会社（北海道札幌市）は、札幌市北３条広場を活用して「サッポロフラワーカーペット」というイベントを開催している。来街者や地域の人々が花びらを敷き詰め、制作に参加する催しである。また「さっぽろ八月祭」は、夏の風物詩としてエリアに根づいており、多くの来街者が訪れている。

一般社団法人淡路エリアマネジメント（東京都千代田区）は、屋外にあるワテラス広場を活用して「ワテラスマルシェ」を開催している。地方の特産品を揃えるだけではなく、さまざまなイベント、ワークショップが同時に展開されており、積極的な地域間交流が図られている。

また、一般社団法人 TCCM（愛知県豊田市）は、桜城址公園で「STREET & PARK MARKET」というマーケットを開催している。公園の隣には、蔵・古民家を再生した子育て世代のコミュニティ施設「MAMATOCO」があり、人が集まる拠点とマーケットを隣接させることにより、さらなるエリアの賑わいづくりを図っている。

●清掃・防犯・交通対策

エリアの環境をより良い状態に維持するために、エリア連携による清掃活動、防犯活動、交通対策などが行われている。個別の企業や団体が実施するのではなく、エリアの関係者が共同で活動することにより、企業間の連携や、地元との交流を促進する効果がある。また、放置自転車対策・駐輪マナー活動、シェアサイクルやシャトルバスなどエリアの利便性を高める取り組みが行われている。

秋葉原タウンマネジメント株式会社（東京都千代田区）は、エリアの安心・安全を高める取り組みを積極的に進めている。清掃活動として、「AkibaSmile！プロジェクト」を毎週実施しており、防犯活動は秋葉原地域連携協議会（アキバ 21）が中心となって歩行者天国の管理運営を行っている。防犯カメラの設置管理のほか、定期的に警察と連携をとり防犯パトロールに尽力している。また、交通対策として、駐車場の位置や、利用時間、満空車の情報などを情報発信す

賑わいづくり

1

2

3

4

1　夏ふぇす（提供：一般社団法人竹芝エリアマネジメント）
2　さっぽろ八月祭（左）、サッポロフラワーカーペット（右）（提供：札幌駅前通まちづくり株式会社）
3　STREET & PARK MARKET（提供：一般社団法人 TCCM（豊田シティセンターマネジメント））
4　ワテラスマルシェ（提供：一般社団法人淡路エリアマネジメント）

る駐車場案内システムの管理運営を行っている。秋葉原エリアで不足しがちな自動二輪の駐車場の整備や、時間貸自転車駐車場の情報も提供するなど、エリアの交通環境の改善を図っている。

名古屋駅地区街づくり協議会（愛知県名古屋市）は、2011年より名古屋市と協力して、植栽帯に花を植え、管理し、美しいまちにする取り組みを実施している。協議会の会員企業等からサポーターを募集し、その協賛金によって花植え・水やり等の活動を行い、毎月の清掃活動とあわせて、花壇の除草を会員企業にて実施している。また2017年度からは、「国家戦略特区道路占用事業」として実施しているエリマネ広告から得られた収益の一部を、清掃備品の購入や、花壇のメンテナンス等に充当している。

六本木エリア（東京都港区）では、「六本木地区安全安心まちづくり推進会議分科会（民間委員会）[1]」を設立し、港区と協力してエリアのセキュリティを強化するための活動を行っている。客引き対策として、民間警備「港区生活安全パトロール隊」を導入し、道案内の対応を含めた警備を行っている。また粗暴犯の認知件数が高い町丁目を対象に街路の照度を改善し、防犯カメラシステムの整備を行うことによって、六本木エリアの犯罪を抑制している。

博多まちづくり推進協議会（福岡県福岡市）は、博多駅周辺における放置自転車問題を改善するために、「駐輪場マップ」を作成し、放置自転車へのタグ付け活動を続けている。また、自転車の安全利用への啓発活動として、福岡県、福岡市、警察の方々を講師に招いた「自転車安全利用講習会」などを開催している。その他にも、はかた駅前通りにおける植栽管理事業や、すべての方にやさしい通りづくりを目指して歩道に憩いスペースを提供する「ベンチプロジェクト事業」等を実施している。

大阪のうめきた先行開発地区では、一般社団法人グランフロント大阪TMOが、「うめぐるチャリ（レンタサイクル）」「うめぐるバス（エリア巡回バス）」

1）六本木地区安全安心まちづくり推進会議分科会（民間委員会）の構成メンバーは、六本木商店街振興組合、六本木町会、麻布地区の生活安全と環境を守る協議会、六本木をきれいにする会、六本木安全安心パトロール隊、六本木防犯カメラ運営協議会、エグゼクティブプロテクション、東京ミッドタウン、森ビルである。

「うめぐるパーキング（パークアンドライド）」を運用している。レンタサイクルは、簡単な手続きで借りられる自転車で、大阪市内を巡ることができる。エリア巡回バスは、来街者や地域住民が快適に梅田エリアを巡回し、観光、ショッピング、ビジネス等の利用を促進している。バスのラッピングを利用して広告を販売し、収益の一部はエリマネ活動の財源に充てられている。

NPO法人大丸有エリアマネジメント協会（東京都千代田区）は、大手町、丸の内、有楽町地区を結ぶ、無料の巡回バス（丸ノ内シャトル）を運行している。新丸ビル前から、日比谷などを廻る一周約35～40分のルートであり、平日8時から10時までの出勤時間帯は、ビジネスコースとして大手町ルートを2台で10～12分間隔で運行している。買い物や、ショッピング、ビジネスの足として利用されている。

図3　丸ノ内シャトル（提供：NPO法人大丸有エリアマネジメント協会）

清掃

1

2

3

1　おもてなし花壇（提供：名古屋駅地区街づくり協議会）
2　植栽管理事業（提供：博多まちづくり推進協議会）
3　AkibaSmile！プロジェクト（提供:秋葉原タウンマネジメント株式会社）
4　防犯パトロール（提供：秋葉原タウンマネジメント株式会社）

防犯

4

5

6

7

5　駐車場案内システム（提供：秋葉原タウンマネジメント株式会社）

6　うめぐるチャリ（レンタサイクル）(左)、うめぐるバス（エリア巡回バス）(右)
（提供：グランフロント大阪 TMO）

7　駐輪場マップ(左)、タグ付け(右)
（提供：博多まちづくり推進協議会）

情報発信、コミュニティづくり

これまでに行われてきたベーシックなエリマネ活動の２つ目は、「情報発信、コミュニティづくり」である。情報発信は、多くのエリマネ団体が注力している活動と言えるが、地域の魅力を再発掘し、エリアの価値・知名度を高めるためには、エリア内外に向けた情報発信が重要である。一方、コミュニティづくりは、社会関係資本（ソーシャル・キャピタル）を構築するために必要なネットワーク（絆）の形成に繋がる活動である。エリアマネジメントは、その核心にエリア単位での「人々の間の協調的な行動を促すこと」があると考えられている。それによってエリアの質や性格が大きく変わってくるため、エリアに関わる地権者、商業者、住民、開発事業者などがネットワーク（絆）を高め、互いに関わり合うことでまちの価値を高めることが重要である。

●情報発信

エリマネ団体が運営するウェブサイトでは、エリアの概要やイベントの情報が積極的に発信されている。写真や動画を活用しながら情報提供の即時性を高め、FacebookやTwitterなどSNS連携により情報の拡散を図っている。また、エリアの歴史情報やテナント情報などをウェブサイトに掲載しているケースもある。地域情報誌等は人物のインタビュー記事や地域資源などが掲載しており、まちの魅力を発信する役目を担っている。近年では、情報通信技術を使った多言語デジタルサイネージや歩道案内板等が活用されている。来街者だけではなく、エリアの就業者、住民に対しても効果的なアピールができるよう、さまざまな媒体が活用されている。

博多まちづくり推進協議会（福岡県福岡市）は、「博多まちあるきマップ」を毎年発行している。このマップは、協議会の会員有志が集まって実際に博多のまちを歩き回り、まちの魅力や変化を地図に落とし込んでいくことにより、出来上がっている。マップには、古いビルの解体や新しく整備されて使いやすくなった公園、お洒落なカフェなど、多彩な情報が掲載されている。「まち歩きマップ」は、観光案内所や宿泊施設でも活用されている。

一般社団法人淡路エリアマネジメント（東京都千代田区）は、「FREE AWAJI BOOK 8890」という地域情報誌を発行している。淡路エリアにあるさまざまな資源がフォーカスされており、特徴的な建物の紹介や、隠れ家レストランなどの記事が豊富に掲載されている。

うめきた先行開発地区（大阪府大阪市）では、グランフロント大阪内に双方向型デジタルサイネージ「コンパスタッチ」を設置している。「コンパスタッチ」とは、画面をタッチして操作することで、現在地付近から各施設への経路を表示し、スムーズに訪問できるように案内できるツールである。

NPO法人大丸有エリアマネジメント協会（東京都千代田区）は、謎解きゲームを活用したまち歩きを行っている。参加者は、謎解きの手がかりとなるキットを購入し、インターネットに接続されたスマートフォンを用いてゲームを開始するというものだ。ゲームプレイの目安時間は3時間であるが、休憩などを入れながらまちを1日満喫することができる。企業の社内親睦をかねたチーム対抗戦で利用されるなど広がりをみせている。

●コミュニティづくり

コミュニティづくりを目的として、エリアの就業者をターゲットとした市民大学やサークル活動の支援が行われている。学びや体験を通じて新たなコミュニティを形成し、エリアに対する愛着を高める取り組みである。エリマネ活動を担う人材の発掘・育成という点からもコミュニティづくりは重要である。

大丸有エリア（東京都千代田区）では、就業者をターゲットにした「丸の内朝大学」を開校している。大丸有エリア全体をキャンパスとして見立て、朝7時台から開講する市民大学である。丸の内朝大学は、持続可能なまちづくり、省エネルギー化、低炭素化に繋がる朝型ライフスタイルへのシフトを提案し、環境配慮型行動の定着を図っている。3カ月を1学期として、春・夏・秋の3期開校しており、講座には年間でのべ2千人が参加している。近年は「まちづくり」「地方創生」等のコミュニティの力による課題解決に取り組む講座も人気が高い。2009年～2016年までの5年間で、のべ1万3千人以上の受講者が参加している。

1

2

1　博多まち歩きマップ（提供：博多まちづくり協議会）

2　地域情報誌「FREE AWAJI BOOK 8890」（提供：一般社団法人淡路エリアマネジメント）

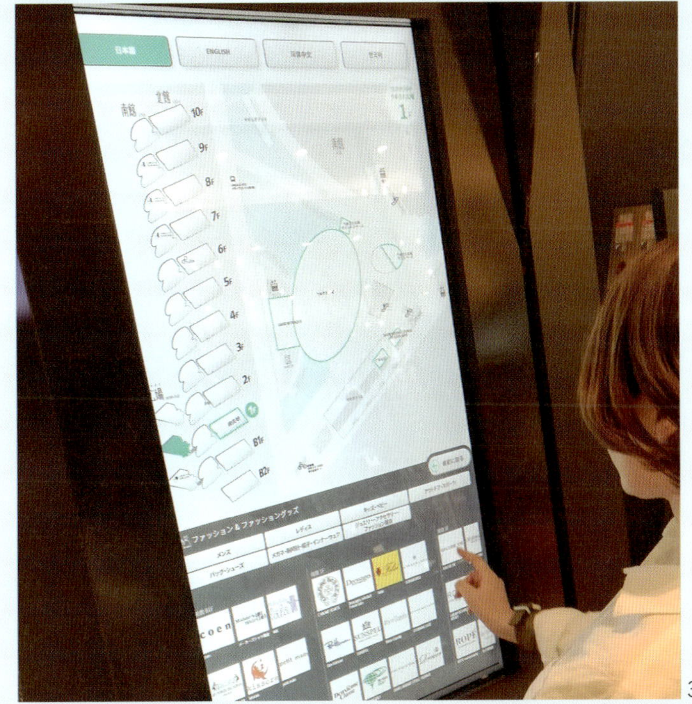

3

4

3　双方向型デジタルサイネージ 「コンパスタッチ」（提供：グランフロント大阪 TMO、梅田地区エリアマネジメント実践連絡会）
4　リアル謎解きゲーム in 丸の内：東京タイムゲート（提供：NPO 法人大丸有エリアマネジメント協会）

博多まちづくり推進協議会（福岡県福岡市）は、働く人・住む人を対象にした「はかた大学」や「博多まちづくりミートアップ」を開催している。「はかた大学」は、学びを通じて新たなコミュニティの形成や新たなビジネスの創出を目指しており、ビジネス、カルチャー、食、ライフスタイル等、さまざまなテーマの誰でも参加できる講座を豊富に設定している。「博多まちづくりミートアップ」は、博多のまちでさまざまな事業を行うゲストを招き、その取り組みを通じて“博多のまち”について考え議論するトークイベントである。ゲストの話を聴くだけでなく、参加者同士の議論の場を設けることで、有意義な交流の場ともなっている。

うめきた先行開発地区（大阪府大阪市）にあるグランフロント大阪では、サークル活動を支援する「ソシオ制度」という活動を行っている。「ソシオ制度」とは、人々が自律的・継続的に行う活動をサポートする取り組みであり、新しい参加型のまちづくりの創出と言える。グランフロント大阪 TMO は、まちに活気と賑わいをもたらすサークル活動を「ソシオ」と呼び、サークルの周知やコミュニティづくり、活動スペースの支援を行っている。ヘルスケア、アート、カルチャーなど多岐にわたる活動をサポートしている。

札幌駅前通エリア（北海道札幌市）では、エリマネ活動が活発化していくなかで、企画者、実務者という地域の担い手不足が課題となってきている。札幌駅前通まちづくり株式会社は、エリマネ活動を担う人材の発掘・育成を目指して、アートマネジメントやまちづくりを学ぶスクール「Think School」を開校している。講義やワークショップ、ディスカッション等をとおして、企画と制作の基礎と学ぶ１年間のスクールであり、卒業後は実際に企画を実施するシンクチームに入ることができる。さらに、有望な人材はエリマネ団体（札幌駅前通まちづくり株式会社）の企画会議へ参加したり、他の企業や職場などへの紹介も行われるなど、実際のエリマネ活動に繋がるようなプログラムが設計されている。

オープンカフェ、エリアマネジメント広告

これまでに行われてきたベーシックなエリマネ活動の３つ目は、財源を確保するための取り組みである。ここでは「オープンカフェ、エリマネ広告」の事例を紹介する。

●オープンカフェ

普段使われていない場所にオープンカフェ等を設置し、まちの賑わいや人々の交流創出が図られている。

あそべるとよた推進協議会（愛知県豊田市）は、「あそべるとよたプロジェクト」の一環としてオープンカフェを実施している。豊田市駅周辺にある広場を、人の活動やくつろぎの場として開放し、エリアの魅力を伝え、愛着を持てる場所として使いこなしていくための取り組みである。あそべるとよた推進協議会は、豊田市の愛知環状鉄道と名古屋鉄道の２つの駅を結ぶ歩行者専用道路のペデストリアンデッキの一部を歩道から広場に変え、それを市民に利用してもらうための仕組みを整えた。広場に設置されたオープンカフェでは、昼はカフェ、夜はビールなどを提供しており、売上の5%を協議会へ拠出してもらう仕組みである。広場は２つに分けられており、オープンカフェ運営者が使う所と、市民がイベントを開催できる所がある。イベント利用で有償の事業を開催する場合には、そこから会費を取る。この広場空間を利用して、夏には盆踊りを開催するなど、多くの店舗に高利益の影響を及ぼした。一過性のイベントではなく、恒常的な使われ方を想定しており、エリアの魅力を高めるための検討が進められている。

図４　We Love 天神協議会によるオープンカフェ
（提供：We Love 天神協議会）

We Love 天神協議会は、賑わいや憩いの空間を創出するため、那

コミュニティ活動

1

2

3

1　丸の内朝大学（提供：NPO 法人大丸有エリアマネジメント協会）
2　サークル活動の支援制度「ソシオ」（提供：グランフロント大阪 TMO）
3　はかた大学（左）、博多まちづくりミートアップ（右）（提供：博多まちづくり推進協議会）

| あそべるとよたプロジェクトによるオープンカフェ（提供：あそべるとよた推進協議会（豊田市））

| 工事用仮囲い広告（提供：名古屋駅地区街づくり協議会）

珂川の河川敷である水上公園でオープンカフェを実施している。このオープンカフェは、水辺の賑わいづくりの社会実験を引き継いだものであり、2012年4月からWe Love天神協議会が、那珂川河畔オープンカフェ事業として実施しており、売上の3%をまちづくり活動の支援金としてテナントからエリマネ団体に拠出している。

●エリアマネジメント広告

エリマネ広告とは、公道や民有地の屋外広告物の掲出権を企業に販売し、得られた収入をエリマネ活動の財源の一部に充てる取り組みである。デザイン性の高いフラッグやバナー等を掲出することにより、まちの景観が保たれ、賑わいづくりに役立っている。エリマネ広告事業を担うエリマネ団体は、広告から得られた収入をエリマネ活動費に充てており、循環の仕組みが構築されている。

札幌駅前通まちづくり株式会社（北海道札幌市）は、札幌駅前通地下歩行空

図5　札幌駅前通地下歩行空間の壁面広告（提供：札幌駅前通まちづくり株式会社）

間の壁面を利用してエリマネ広告を実施している。この地下歩行空間は、歩行者通行量がきわめて多く、広告としての価値が高いため、壁面広告は高い稼働率を保っている。エリマネ広告事業を担う札幌駅前通まちづくり株式会社は、広告事業で年間1.2億円（2015年度）の収入があり、これらの収入はエリマネ活動費に充てられている。

名古屋駅地区街づくり協議会（愛知県名古屋市）は、工事用仮囲い広告や街路灯フラッグバナー広告を実施している。工事用仮囲い広告は、駅再開発中の工事仮囲いを利用した広告掲出であり、非常に大きなスケールの広告面を活用できるため、歩道、車道からも視認性が高い広告媒体として活用されている。また、街路灯バナー広告は、名古屋駅前通、桜通の2ブロックの街路灯に掲出され、まちとの一体感とスケール感が演出できる広告媒体として活用されている。

図6　街灯フラッグ（提供：名古屋駅地区街づくり協議会）

2-3

「新たな公」を実現するための活動

街育（提供：森ビル株式会社）

1995年に発生した阪神・淡路大震災、2011年に発生した東日本大震災以降、大災害への対応が強く求められるようになり、災害時のエネルギー対応の重要性が高く認識されている。また、地球環境問題を背景として環境負荷低減を目指した環境共生による都市づくりが各エリアで進められている。

こうした大災害への対応や環境への配慮といった社会的課題は、より公共性を帯びた活動ということができる。都市における人々の活動と密接に関係しており、エリアの地権者をはじめとする多くの主体が連携して取り組むことによって、効果が上がってくる。そのため、エリマネ活動の重要な取り組み領域として、積極的に実践していく必要がある。本節では、近年注目されている「新たな公」を実現するための活動として、平時から有事までの幅広い活動事例を紹介する。

防災・減災

災害に強い安全・安心のまちづくりを推進するうえで、エリア全体の視点から推進すべき防災・減災の取り組みは、「エリア防災」と呼ばれている。エリア防災は、大規模災害発生時における人的被害等の抑制、立地している企業の事業継続性の向上という点からも重要性が高いと言われており[2]、ハード・ソフト両面からさまざまな取り組みが行われている。

●逃げ出す街から逃げ込める街へ　六本木エリア（東京都港区）

森ビルは、「逃げ出す街から逃げ込める街へ」のコンセプトを掲げている。大規模再開発の特性を活かして、災害に強い安全・安心のまちを目指して、開発地域のみならず周辺地域への貢献も果たす防災拠点を構築している。

六本木ヒルズでは、独自のエネルギープラント（特定送配電事業施設）により域内の電力供給を行っている。これはきわめて信頼性の高い、3重の安全性

---

2) 人口集積エリアにおけるエリア防災のあり方
http://www.kantei.go.jp/jp/singi/tiiki/toshisaisei/yuushikisya/anzenkakuho/231222/1.pdf

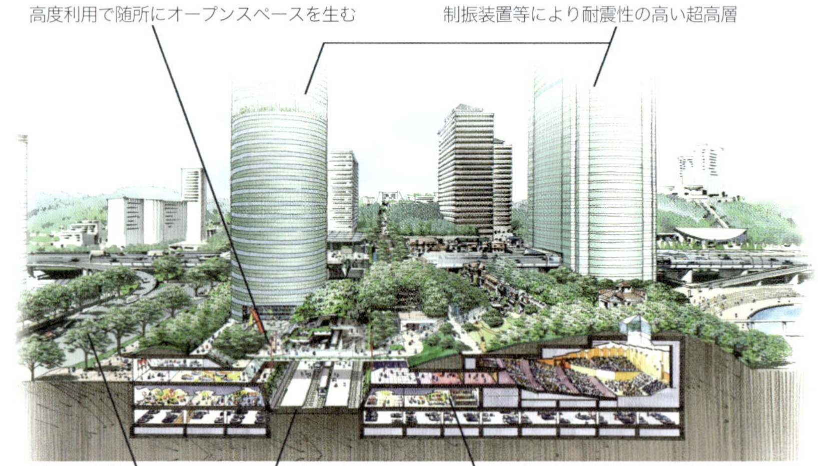

図7　逃げる街から逃げ込める街へ（提供：森ビル株式会社）

（1. 都市ガスによる発電、2. 電力会社からの供給、3. 灯油による発電）を持つ電源供給である。東日本大震災後の電力需給逼迫時には、六本木ヒルズの発電電力の余力分と節電分を合わせ、東京電力に提供したという実績がある。

また、六本木ヒルズに震災対策本部を設け、災害時における人々の生活・事業継続の支援を行うとともに、港区と帰宅困難者受入に関する協定書を締結し、受入場所や受入対応人員の確保ならびに備蓄品提供が可能な備蓄倉庫等も整備している。

さらに、六本木ヒルズ周辺の近隣町会、商店会、学校、地元の消防団等を交え、港区や麻布消防署、麻布警察署と連携した「街の震災訓練」を実施している。エリア全体で震災訓練を行うことにより、まちに関わる住民、オフィスワーカー、店舗スタッフのコミュニティ結束の機会となり、近隣関係者との連携強化にも繋がっている。このようにハード・ソフトの両面にわたるさまざまな対策を継続して推進している。

●被災想定を共有して備える　名古屋駅地区街づくり協議会（愛知県名古屋市）

名古屋駅地区街づくり協議会は、2011 年 4 月、ガイドラインに安全性向上戦略を定めるとともに、会員の防災・減災リテラシーの向上を目指して関係行政機関と協力してセミナー、エクスカーション、パネルディスカションを開催し

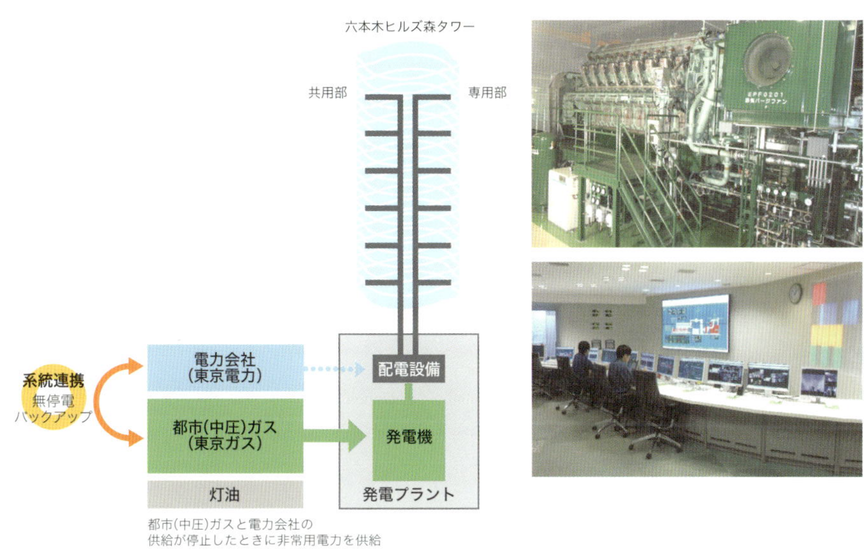

図８　六本木ヒルズの電力供給（森ビル株式会社資料より作成）

図９　まちの震災訓練（右）、備蓄倉庫（左）（提供：森ビル株式会社）

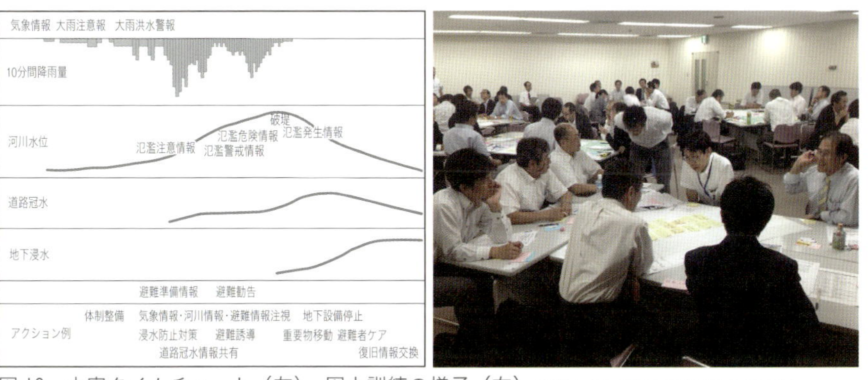

図 10　水害タイムチャート（左）、図上訓練の様子（右）（提供：名古屋駅地区街づくり協議会）

ている。2012 年 5 月には安心・安全街づくり WG を設置して体制を整えるとともに、7 月に名古屋市と「名古屋駅地区における防災・減災街づくりに向けた協力・連携に関する協定」を締結して本格的な活動を開始している。

地震対策では、名古屋市が主催する「業務エリアに係る防災のあり方検討会（2012 年度）」、「安全確保計画策定に向けた検討会（2012・2013 年度）」をへて、安全確保計画の策定に関与している。また 2017 年度には独自に作成した地震タイムラインをとおして、さまざまな課題と対策の方向性をとりまとめ、行政に提言している。

水害対策では、2012 年度より関係行政機関の参加を得て減災連携会議を主催し、2013年度に水害タイムチャートを作成している。2014年度には水害タイムラインという言葉が一般化するとともに、国土交通省が庄内川流域を水害タイムラインのリーディングプロジェクトに指定したことから、中部地方整備局が庄内川タイムライン検討会を設置したため、減災連携会議を解散してこれに参画している。また 2015 年度には、道路冠水をメールで会員に知らせる「浸水検知システム」を試験的に導入し、改善を加えたうえで 2016 年度より運用している。

●災害に強いまちを目指して　みなとみらい 21 地区（神奈川県横浜市）

横浜のみなとみらい21エリアでは、埋め立ての際に地震災害や地盤沈下等を考慮しており、災害に強いまちを目指した基盤整備が行われている。建物や地

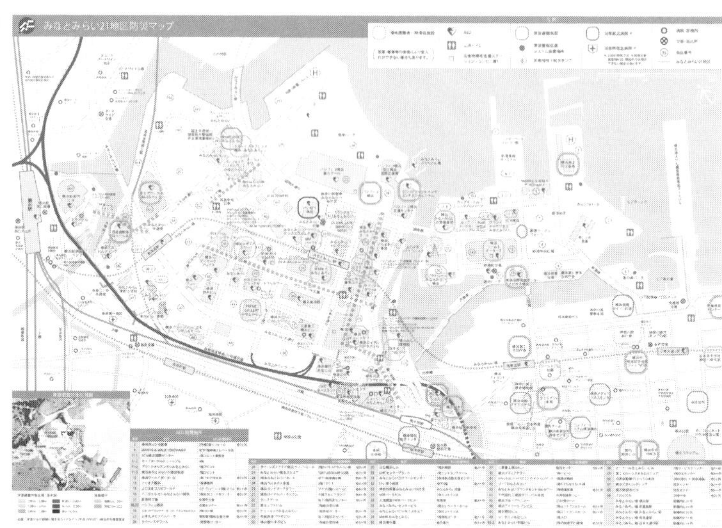

図 11　ヘルプカード（左）、みなとみらい 21 地区防災マップ（右）（提供：一般社団法人横浜みなとみらい 21）

盤に対する地震対策だけではなく、津波からすみやかに避難するための海抜標示や津波避難情報板、津波警報システム、災害用給水タンク、防災備蓄倉庫等の避難設備を整えている。

ソフト面からの防災対策も進めており、一般の来訪者や就業者が災害発災時に安心して行動できるよう、「みなとみらい21帰宅困難者支援ガイド」という防災マップを配布している。また、外国人向けヘルプカードを作成し、災害発生時の避難、情報収集、意思疎通を支援するための取り組みを行っている。2017年10月には、都市再生安全確保計画を策定し、総合的な防災対策をエリア全体で実施している。

環境・エネルギー

第1章で前述したとおり「環境・エネルギー」と「防災・減災」を掛け合わせて考え、マイナス（リスク）を減らしプラス（魅力）を生みだすことが重要である。以下に示す先進的なエリアでは、平時の「環境・エネルギー」と非常時の「防災・減災」とを連携させたエリマネ活動を展開している。

●環境・省エネに配慮したまちづくり　六本木エリア（東京都港区）

六本木エリアでは、環境・省エネルギーに配慮したまちづくりを進めており、その1つが大規模コージェネレーションシステムである。都市ガスを利用したガスエンジンによる発電を行っており、発電時に発生する排熱を利用して、エリアの冷暖房を供給している。オフィス、住宅、商業施設、ホテル等の複合用途から構成される六本木ヒルズでは、安定した電気・熱の需要があり、電力需要ピークも平準化される。大規模コージェネレーションシステムで電気と熱を一体的に製造することにより、発電機の排熱も無駄なく活用することができる。これにより、一次エネルギーの削減、およびCO_2とNO_X（窒素酸化物）の排出量削減を実現している[3)]。

3）森ビル環境系資料（2013年度実績）http://www.pref.fukuoka.lg.jp/uploaded/attachment/23055.pdf

また、緑化活動の一環として、生態系保全の取り組みも行っている。生き物の生活拠点となる緑地を、小規模な緑地や街路樹で繋ぎ、移動できるようにすることで、生き物が暮らしやすい環境を作ることができる。森ビルの施設は、皇居や赤坂御用地をはじめとする大規模な公共の緑地に囲まれており、施設の緑地が、これら大規模公共緑地に棲む多様な生きものが緑地間を行き交う際の大切な拠点となり、都心のエコロジカルネットワーク充実に寄与している。

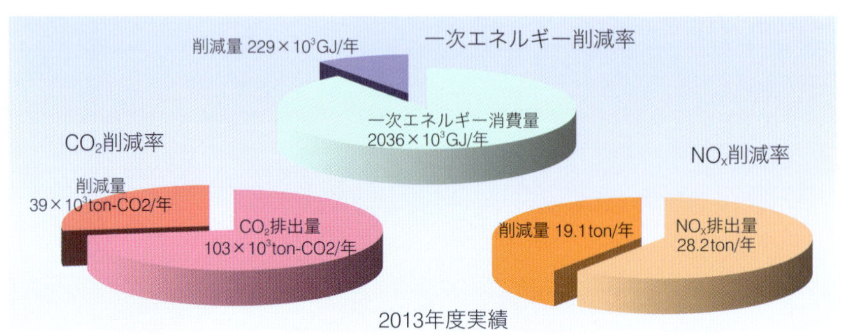

図 12　コージェネレーションシステムによる実績（森ビル株式会社資料より作成）

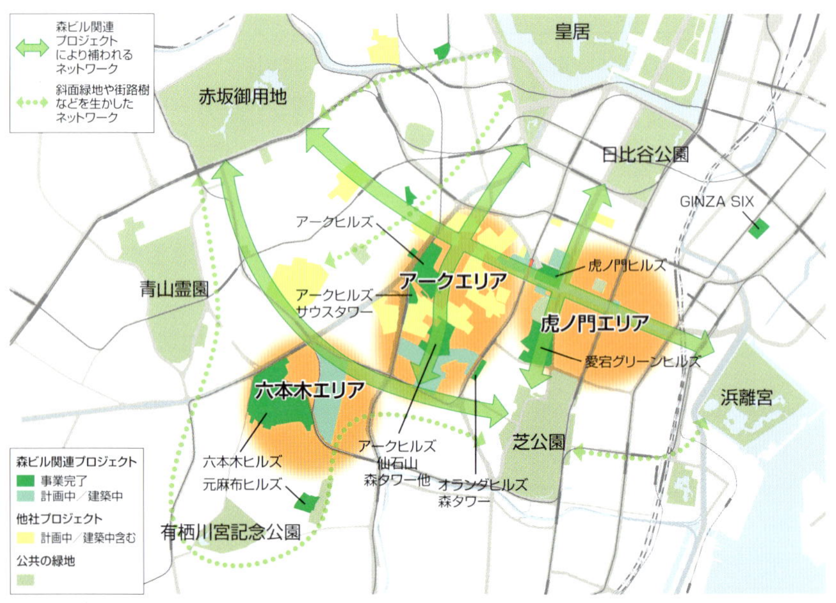

図 13　森ビルのエコロジカルネットワーク（提供：森ビル株式会社）

●環境共生型のまちづくり　大丸有エリア（東京都千代田区）

大丸有エリアには「エコッツェリア協会（一般社団法人大丸有環境共生型まちづくり推進協会）」という組織があり、環境共生型のまちづくりに貢献する事業の推進や支援を行っている。同協会は大手町ホトリアで「3×3 Lab Future」という施設の運営も行っており、その施設で環境をテーマとするセミナーやイベント、周辺緑地における生物モニタリング調査の推進等を手掛けている。また「エコ結び」という取り組みは、エリア参加店舗での支払をSuica（PASMO）で行うことにより支払額の1%が環境活動支援やエリア活動資金として活用される新しいかたちの環境貢献活動である。集まった基金は、森林保全、復興支援、環境

図14　大丸有エリア：3×3 Lab Future
（提供：エコッツェリア協会）

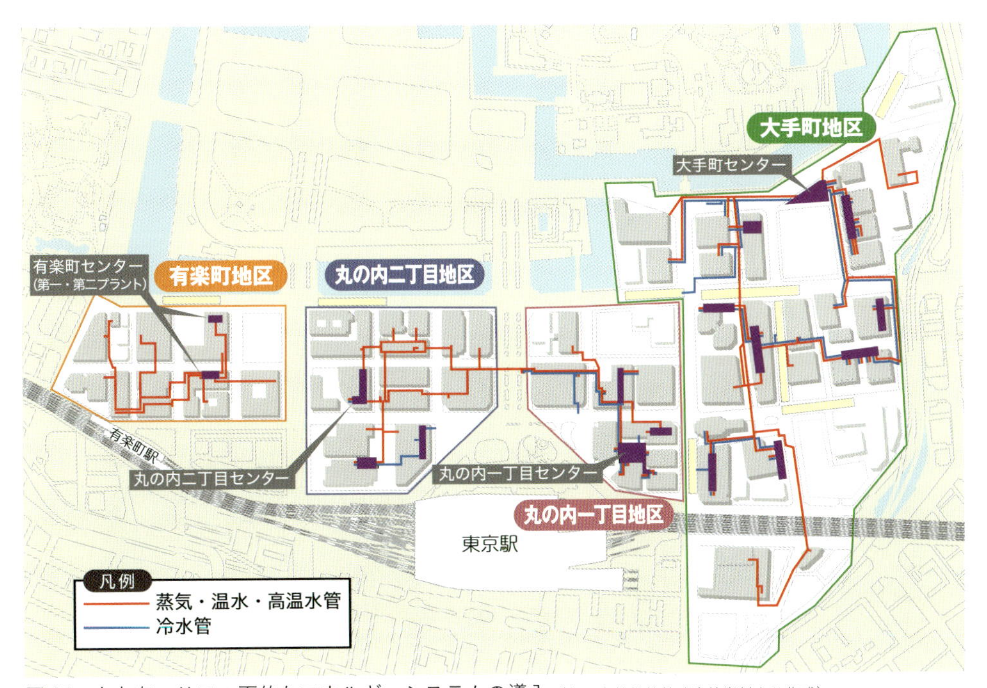

図15　大丸有エリア：面的なエネルギーシステムの導入（丸の内熱供給株式会社資料より作成）

プロジェクトなどに活用されている。

ハード面からの取り組みとして、環境共生を目指して、面的なエネルギーシステムの導入を図っている。大丸有エリアの地下には、蒸気や冷水を集中製造し、複数のビル冷暖房を賄う地域冷暖房プラントを中心とした供給ネットワークが地下に広がっている。地域冷暖房は、個別冷暖房よりエネルギー消費量を約14%以上削減できる。エリア全体のエネルギーシステムの強靭化を図るとともに、全体のエネルギー効率を高め、災害時対応力の向上にも貢献できるシステムを構築している。

●国際的な環境性能認証制度　柏の葉エリア（千葉県柏市）

千葉県柏市柏の葉エリアは、「柏の葉スマートシティ」という目標を掲げ、環境共生都市、健康長寿都市、新産業創造都市という3つの柱からまちづくりを進めている。このうち環境共生都市とは、豊かな自然環境を地域資源として活かし災害時にはライフラインを確保することを目指している。エネルギーを効率的に活用するため、太陽光発電や蓄電池などの分散電源エネルギーを街区間で相互に融通するスマートグリッドの運用を行っており、自営の送電線を使い、電力会社の電力と分散電源を併用しつつ電力を街区間で融通しあうことで街全体の電力ピークカットを狙っている。また、平日と休日で電力需要が異なることを利用して、エリア全体での電力ピークカット、省エネルギー・CO_2削減を図っている。

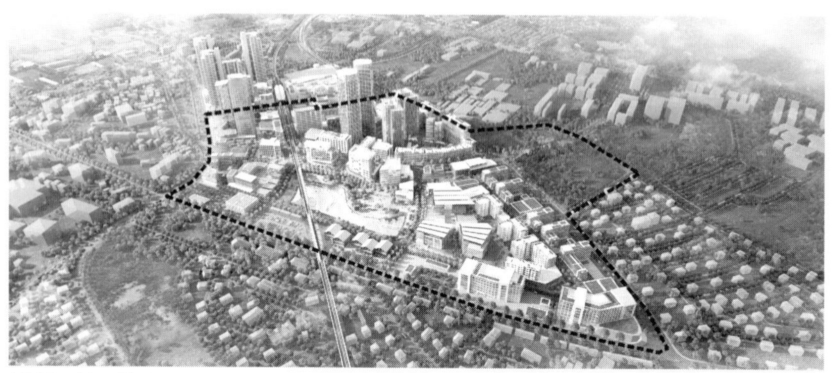

図16　柏の葉イノベーションキャンパスの将来構想図（破線内がLEED－NDの認証区域）（提供：三井不動産株式会社）

さらに、治水目的である「2号調整池」を「アクアテラス」として親水空間化し、2016年11月から一般供用を開始するなど自然共生型の取り組みを積極的に推進している。柏の葉アーバンデザインセンター（UDCK）および三井不動産株式会社は、「柏の葉スマートシティ」の開発計画に関し、米国のグリーンビルディング協会（USGBC）が運営する国際的な環境性能認証制度「LEED（リード）」のまちづくり部門「ND（Neighborhood Development：近隣開発）」の計画認証において、最高ランクとなる「プラチナ認証」を取得している。

図17　柏の葉：アクアテラス（提供：図16と同じ）

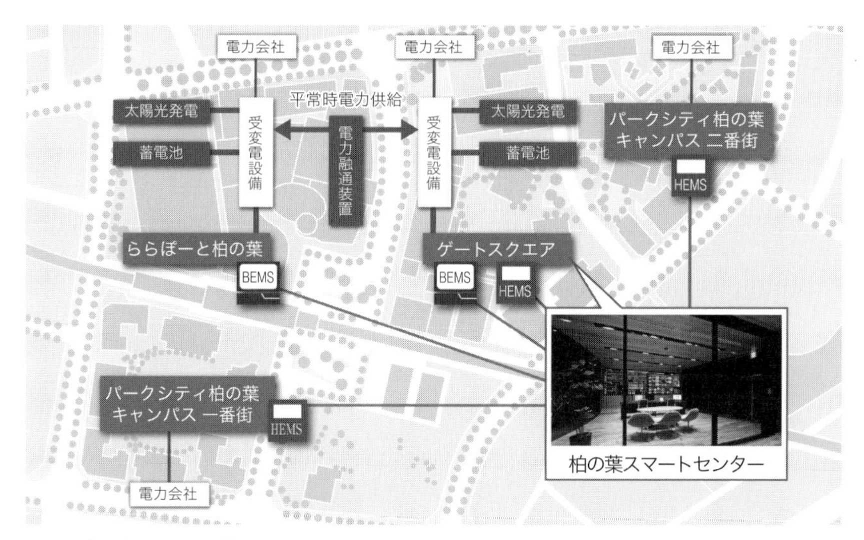

図18　柏の葉エリアのエネルギーシステム（提供：図16と同じ）

2-4

これから期待される活動

アーバンテラス（丸の内仲通り）

第1章で前述したとおり、エリマネ活動の今後の展開として、エリアに根づいている従来の産業に加えて、新たな産業を地域に根づかせる活動が始まっている。本節では、エリアの将来を作りだすエリマネ活動として、これから期待される取り組みについて紹介する。

知的創造・新機能

新たな産業を地域に根づかせる活動の1つには、「知的創造・新機能」というものがある。この活動は知的な交流から新たな機能・コンセプトを作りあげるという点で注目が高まっている。

●ナレッジキャピタル　うめきたエリア（大阪府大阪市）

ナレッジキャピタルは、うめきた先行開発区域にある「グランフロント大阪」の中核施設として計画された施設である。ここでは、多様な人々が集まり知を集積する場として、新たな地域価値を作りだしている。企業人、研究者、クリエイター、一般生活者などさまざまな人たちが行き交い、それぞれの知を結び合わせて新しい価値を生みだす「知的創造・交流の場」となっている。2013年の開業以降5年間で、大学や研究機関・企業などの総参加数は147件、会員制交流サロン「ナレッジサロン」総来場者数は約60万人、海外から53カ国、251団体が視察・来訪しており、業界、分野、国籍を超えた多様なコラボレーションを実現している。「知的交流の場」として施設の提供という役割に留まらず、コーディネート活動、交流イベント開催などの運営機能も有し、さまざまなネットワークを構築している。

●3×3 Lab Future（サンサンラボフューチャー）　大丸有エリア（東京都千代田区）

「3×3 Lab Future」は、大手町ホトリアにあるビジネス交流施設である。ここでは国内外の企業や人材が、多様なテーマで幅広く交流し協創によるビジネス創発を目指すための魅力的な場づくりが実践されている。例えば「CSV経営サロン」は、企業会員の環境CSRや広報部門などの担当者を対象に、本業を通じてCSV（共通価値の創造）を実践している企業の取組事例を学びながら知恵の共有を行う場として運営されている。また個人会員ネットワークも構築しており、さまざまな分野で活躍する人々が交流することで「環境」「経済」「社会」のバランスのとれたサステイナブルな社会づくりに資する取り組みが生まれることを目指している。

●くらしの製作所TETTE（福岡県北九州市）

住宅版エリアマネジメントを実践している北九州市城野（BONJONO）では、「くらしの製作所TETTE」という集会所を拠点として、さまざまな創造・交流活動を展開している。通常の自治会集会所は予約した利用者のみが鍵を開けて使うが、TETTEではいつでも立ち寄ることができるサードプレイスとしての役割を担っている。360度ガラス張りの建物であり、内部にも部屋を仕切る壁はなく、キッチン、ライブラリー、半屋外のDIYスペースが並ぶ。BONJONO居住者、施設・店舗からなる正会員の月会費（城野ひとまちネットの資金）によって、管理人が常駐している。また、BONJONO地区外の地域住民が自由に施設を利用できる「準会員」制度も設けており、年会費1000円＋スペースに応じた占用料でキッチンスペースや交流スペース、DIYスペースなどを1時間単位で利用することができる。

●御祓川大学・能登留学（石川県七尾市）

石川県七尾市では、小さな世界都市という未来を育てるミッションのもと「御祓川大学」という市民大学を開校している。御祓川大学のメインキャンパス

図19　能登留学・御祓川大学（左写真提供：株式会社御祓川）

は、旧北陸銀行であった建物を大学生や地元民とともにリノベーションして再利用した空間である。この空間は、まちづくりの拠点としてイベント、ワークショップ、セミナーなど幅広いプロジェクトを行う空間として利用されている。

また、「能登留学」という、能登の企業や集落を舞台としたキャリアデザインプログラムも実施している。エリアの企業や行政、旅館組合等と連携した長期実践型インターン事業を実施し、地域や企業の課題解決の現場に、インターン生を招いている。エリマネ団体（株式会社御祓川）が企業課題の抽出、プログラム設計を進めるなど、プロジェクトまでをトータルに伴走している。

健康・食育

これから期待されるエリマネ活動の２つ目は、「健康・食育」である。地域住民や就業者の１人１人が、より健康で自立して生活、就業できるよう、健康づくりや食育に関する取り組みが行われている。健康や食をテーマとしたイベントを開催するだけではなく、エリアが持っている地域資源（自然、文化、農業、歴史など）に着目したエリマネ活動が展開されている。エリアにある空間や店舗を利用して、食材や身体に関する知識を共有したり、スポーツをとおして新たなコミュニティの創出が図られている。

●朝の太極拳　六本木エリア（東京都港区）

六本木エリアでは、「朝の太極拳」という夏の恒例イベントが開催されている。この活動は、地域のイベントとして六本木エリアに定着しており、地域住民や就業者など大勢参加している。申し込み・参加料不要のため、初心者でも気軽に参加できるという点と、健康に対する意識の高まりが重なって、多くの人々に親しまれている。

●丸の内ラジオ体操・丸の内軟式野球大会　大丸有エリア（東京都千代田区）

大丸有エリアの丸の内仲通りでは「丸の内ラジオ体操」が開催されている。この取り組みは、丸の内エリアで働くワーカーを対象に、ランチタイム後のリフ

知的創造活動

1　ナレッジキャピタル
（提供：グランフロント大阪 TMO）

2　3×3 Lab Future
（提供：エコッツェリア協会）

3　くらしの製作所 TETTE
（提供：BONJONO）

1

2

1　朝の太極拳（提供：森ビル株式会社）
2　丸の内ラジオ体操（提供：NPO 法人大丸有エリアマネジメント協会）

レッシュ、健康をテーマとした活動であり、参加者にはエリアにある店舗の特典などが用意されている。また、「丸の内軟式野球大会」は、テナント同士の交流を図ることを目的として開催されており、企業チームが参加し、明治神宮外苑軟式野球場や近郊のグラウンドを利用して大会が行われている。

●ランニング、ヨガ、キックボクササイズ　品川エリア（東京都港区）

品川シーズンテラスでは、「ナイトキックボクササイズ」や「食習慣コンシェルジュ」という健康・食育に関するプログラムを行っている。「ナイトキックボクササイズ」は大人数を対象とした定期開催プログラムであり、「食習慣コンシェルジュ」は一人一人の食生活にあわせたアドバイスや食事内容の分析などを行うマンツーマンのプログラムである。また、品川駅周辺で働いているワーカーや地域住民が企画した地域サークル活動を支援する「カルチャーテラス」プログラムも開催している。サークル活動を行いたい個人や団体に向けに品川シーズンテラスの施設を開放し、エリマネ団体が活動をサポートすることにより新たな機能づくりを目指している。

● Umekiki（うめきき）　うめきたエリア（大阪府大阪市）

うめきたエリアにある「グランフロント大阪」では、「Umekiki（うめきき）」という食育活動を2013年から始めている。Umekikiとは、「おいしいを、めききする」をコンセプトに、グランフロント大阪に集結しているレストランやカフェ店舗を舞台に、食に関する知識を高め、目利きする力を養ってもらうことを目的とした活動である。食材の選び方や調理方法、食べ方への興味・理解を深めること、食生活を楽しんでもらうことに主眼を置いており、全国の生産者と手を携えた活動となっている。毎回、さまざまな食に関する目利きのテーマを設け、知識やこだわりを伝える情報誌「Umekiki Paper」を発行している。またテーマにあわせて各店舗のシェフが料理を考案する「限定メニューフェア」や、食のプロから直接学べる料理教室等、さまざまなイベントを実施している。さらに、生産者自らが食材を販売するマルシェ「Umekiki Marché」も開催されている。

1

1　品川シーズンテラス：ランニング・ヨガ・キックボクササイズ（提供：品川シーズンテラス）
2　グランフロント大阪：Umekiki 生産地ツアー（提供：グランフロント大阪 TMO）

全国エリアマネジメントネットワーク

全国エリアマネジメントネットワーク[1]

「全国エリアマネジメントネットワーク（通称：全国エリマネ）」は、エリアマネジメント団体（エリマネ団体）を繋ぐ全国組織として2016年7月に発足した。エリアマネジメントに係わる連携・協議の場を提供し、政策提案や情報共有、普及啓発を行い、また行政との連携を通じてエリアマネジメントの発展を支えることを目的としている。全国各地でシンポジウムを開催し、分科会（図1）、海外視察（図2）などを通じて、先進的な取り組みやエリアマネジメントを進めるうえでの課題について情報共有を図っている。会員数は、団体・個人を合わせて138であり、38のエリマネ団体が加入している（2018年5月時点）。これらの団体は、日本においてもっとも先進的なエリマネ活動を展開しており、その動向が注目されている。

活動・課題に関するアンケート調査[2]

全国エリマネの事務局が主体となって、エリマネ団体を対象にしたアンケート調査が実施された。第1回調査「組織体制と活動内容（2016年8月〜）」では、エリマネ団体の組織体制、主な収入源、活動内容、活動する空間等に関する調査が行われた。法人組織と任意組織の違いや、各エリマネ団体が重視している活動について明らかとなった。第2回調査「エリマネ活動を進めるうえでの課題（2016年12月〜）」では、エリマネ団体が抱えている課題に関する調査が行われた。「財源」「人材」「認知」「制度」「その他」という5つの項目に沿って課題を整理すると、多くの団体が「財源」「制度」に関する課題を抱えていることが明らかとなった。アンケート調査結果の一部は、4-1節、4-2節、5-1節に掲載している。

1) 全国エリアマネジメントネットワークのホームページ
2) 丹羽由佳理・園田康貴・御手洗潤・保井美樹・長谷川隆三・小林重敬「エリアマネジメント組織の団体属性と課題に関する考察―全国エリアマネジメントネットワークの会員アンケート調査に基づいて―」『日本都市計画学会　学術研究論文集52巻（2017）3号』pp.508 - 513

図1　分科会グループディスカッションの様子（提供：全国エリアマネジメントネットワーク）

図2　ニューヨークBID視察の様子（提供：図1と同じ）

CHAPTER 3

海外都市の魅力を支える BID とエリアマネジメント

ニューヨークタイムズスクエアBID（提供：Michael Grimm for the Times Square Alliance）

エリアマネジメントを支えるBID

● BID制度の歴史

BID制度は、北米において、1960年代〜1970年代、商店街振興組合等による自主的な中心市街地活性化活動に対して、活動からの利益を得ているにもかかわらず、費用負担を行わないフリーライダーへの対抗策として、一定のエリア内において市が強制的に負担金を徴収し、それを分配することで地区組織が活性化のための活動を行えるシステムを作りだしたのが始まりとされる。

世界で最初のBID制度は1969年にカナダのオンタリオ州で生まれ、1970年にトロント市ブロアー西業務改善地区（Bloor West Village Business Improvement Area: BIA）で、初めて組織化されたとされる。その後、米国では1974年にニューオリンズ市で最初に制度化され、清掃・防犯を主な活動として全米に広がっていった。英国では、1980年代以降、中心市街地の活性化手法として補助金や寄付金等によるTCM（Town Centre Management）が用いられていたが、2004年、安定的な財源を確保するという目的でBIDイングランド法が定められた。

そして現在では、ドイツやオランダなどをはじめとしたヨーロッパ、オーストラリアやニュージーランド、ブラジル、南アフリカにいたるまで、さまざまな国でBIDは活用されている。

図1　BIDによる活動の様子（高圧洗浄、案内・防犯活動）（出典：（左）サンフランシスコテンダーロインコミュニティベネフィットディストリクト、（右）ミネアポリスダウンタウンインプルーブメントディストリクト年次報告書2016）

●海外の BID：米国・英国・ドイツ

米国では、1940 年代〜 1960 年代にかけて都市の郊外化と都心荒廃が進行し、都心再生のための行政付加的なサービスとして BID 団体が清掃活動・防犯活動を行うようになった。現在では、マーケティングやプロモーションなど、地区の価値を上げるための活動も行われてきている。英国では、商業振興を目的とした、まちの質を高めるための活動が多い。米国で基本となっている清掃・防犯活動は、行政サービスへの上乗せ的な活動として行われている。英国には多様な BID が存在しており、商業系のみならず工業系 BID も存在している。なお、ドイツでは、商店街の街路の敷石や街路灯などハード面での街路空間の再整備のほか、イルミネーションの設置などによる商業振興が行われており、米英よりもハード整備を前提とした BID 活動が行われていると言える。なお各国とも、3 年から 5 年もしくは 10 年の BID 更新条項を入れており、BID の定期的な評価が行われている。

図 2　サンフランシスコ市ユニオンスクエア BID による夜間イベント

米国の BID

米国の BID は、1970 年代後半から広がりを見せており、国際ダウンタウン協会の調査（2011 年）では、全米で 1 千以上の BID が存在するとされる。活動内容は、清掃、防犯・治安維持などが中心となっている団体が多いが、駐車場・交通サービス、集客・受入活動、公共空間等のマネジメント、社会事業、ビジネス誘致等の活動を行う BID 団体も増えてきている。2017 年現在、ニューヨーク市では 75 の BID が運営されており、米国主要都市のなかで最多の BID 数を誇っている。図 3 を参照すれば、マンハッタン島の中心部やブルックリンの主要な通りは BID で占められつつあることが分かる。

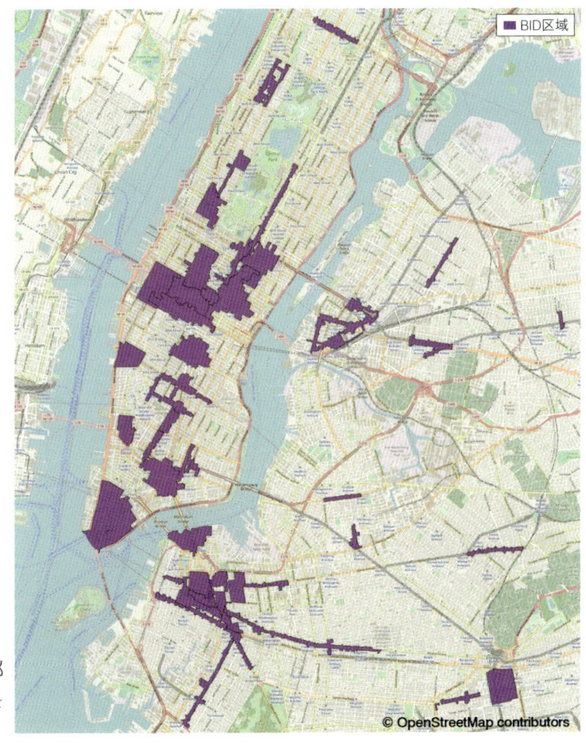

図3　ニューヨーク中心部の BID の分布（NYC open data を用い作成）

●ニューヨーク市のBID

1. ブライアントパークBID

図4　ブライアントパーク（出典：Bryant Park ホームページ）

1970年代から80年代のブライアントパークは、治安が非常に悪く、犯罪の温床となっていた。こういった社会問題に対処するため、1980年にBID団体が設立され、1992年に生け垣の撤去など大規模な公園の再整備が完了した。そして、可動式のイスの設置や清潔な公衆トイレの導入、多くのイベント開催、レストランの開店などで、ブライアントパークはまちの賑わい拠点へと変貌を遂げた。

2. タイムズスクエアBID

タイムズスクエアにはかつて、歴史ある美しい劇場が多く存在したが、1970年代にはその劇場もバーレスクやポルノ映画館などに変わってしまい、治安も悪化の一途をたどった。しかし1992年に、劇場の復活や地域の安全性向上と活性化のために、タイムズスクエアBID（Times Square Alliance）が設立され、2010年、ブロードウェイの5街区の道路空間を広場化した結果、ニューヨークでもっとも多くの観光客が訪れ、くつろぐことのできる広場空間へと変貌した。近年では、観光客と一緒に写真を撮影してお金を無理やり請求する人気キャラクターの着ぐるみを着た人々が増えており、BIDでは、そういった課題に対しても市の条例制定にむけた働きかけを行っている。

図5　タイムズスクエアの階段

●デンバー市ダウンタウンのBIDとエリアマネジメント

1.ダウンタウンデンバーBIDとダウンタウンデンバーパートナーシップ(DDP)

ダウンタウンデンバーBIDは、商店街管理組合（1982年設立）を前身として、1992年に設立された。目抜き通りである16番ストリートモールを中心とした清掃・メインテナンスから始まり、2017年現在120ブロック、407の不動産所有者、877物件へのサービスを行っている。10年ごとに更新が行われ、現在、3期目である。デンバーダウンタウンにおけるBID活動は、ダウンタウンを2層化（周辺市街地を含めると3層）し、それにあわせてサービスの提供や関連統計データの取得などを柔軟に調整している点が特徴的である。ダウンタウン全体の運営や調整を請け負うのは、上位組織のダウンタウンデンバーパートナーシップ（DDP）であり、さまざまな組織を連携させることで事業を行っている。なお、BIDは市郡政府やBID外の周辺住区（ネイバーフッド）と、清掃・防犯など個別契約により事業を進めており、BID活動の滲み出しが見られる。

2. ホールディング制をとるDDPとハード整備型BID（14 th GID）

DDPは、多くの組織を束ねる傘のような役割を果たしている。BID団体のみならずさまざまな派生団体が人的資源・資金等を受けるホールディング制となっている。なかでも特徴的なのが、市の補助金と市債によって地権者が歩道拡幅を行った14 th GID（General Improvement District）と呼ばれるハード整備区域（組織）である。

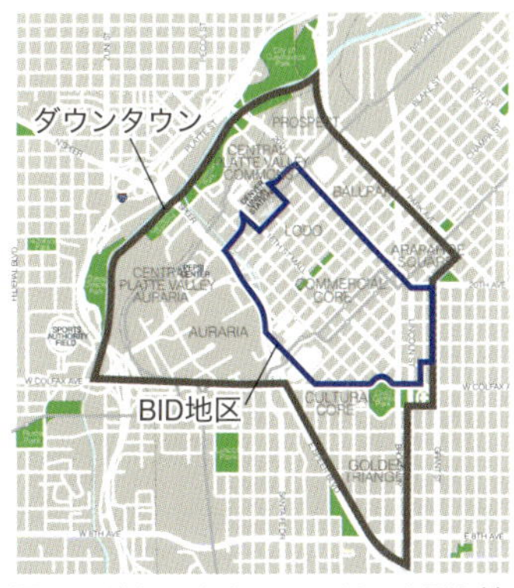

図6　ダウンタウンのエリアとBID地区（出典：デンバーダウンタウン報告書(2016)）

図7　ハード整備を行った14番ストリート（出典：studioINSITE ホームページ）

3. 道路空間での社会実験とスカイラインパークの公的活用

BIDも出資する「通りで会いましょう（Meet in the Street）」イベントでは、普段、無料バスが行き交う16番ストリートモールの交通ルートを変え、歩行者天国にする社会実験が行われている。芝生が敷かれ、ロッククライミングの壁や子どものための遊び場・遊具なども設置された。アートの展示、ライブミュージックも行われている。なお、ダウンタウンにあるスカイラインパークでは、夏季にはパブリックビューイング、冬季にはスケートリンクなど、さまざまなイベントが開催されている。

図8　16番ストリートモールにおける社会実験の様子（上：現状、下：社会実験時）
（出典：DOWNTOWN DENVER 16TH ST MALL Small Steps Towards Big Change：GEHL STUDIO / SAN FRANCISCO Delivered to the City and County of Denver – FEBRUARY 2016）

図9　スカイラインパークの活用事例（パブリックビューイング、スケートリンク等）
（出典：VISIT DENVER ホームページ）

英国のBID

英国の中心市街地では、1980年代以降、政府やEU、大手小売業者などからの資金援助を得て商業団体が活動していたが、会員に負担を求めるBID制度について、2002年～2005年にかけてBIDパイロット事業が行われ、2004年にBIDイングランド法が成立した。そして2015年時点では全英に200以上のBIDがある。

英国のBIDの特徴は、5年ごとに更新の投票が行われ、過半数の同意を得なければBID団体としての活動が継続できないことである。そのため、それぞれのBIDは充実した活動報告書を発行している。なおBID税については、土地所有者のみならず、テナント（事業者）からも徴収可能である。活動内容は、米国のBIDと比べ、まちの賑わいの創出等、商業・産業振興的なサービスに重点を置く傾向があり、商業系BIDのほか工業系BIDなども存在する。大ロンドン[1)]では48ものBIDが設立され、ロンドン全体の魅力向上にも繋がっている。

図10　ロンドン中心部で活動するBID
（出典：全英BIDレポート）

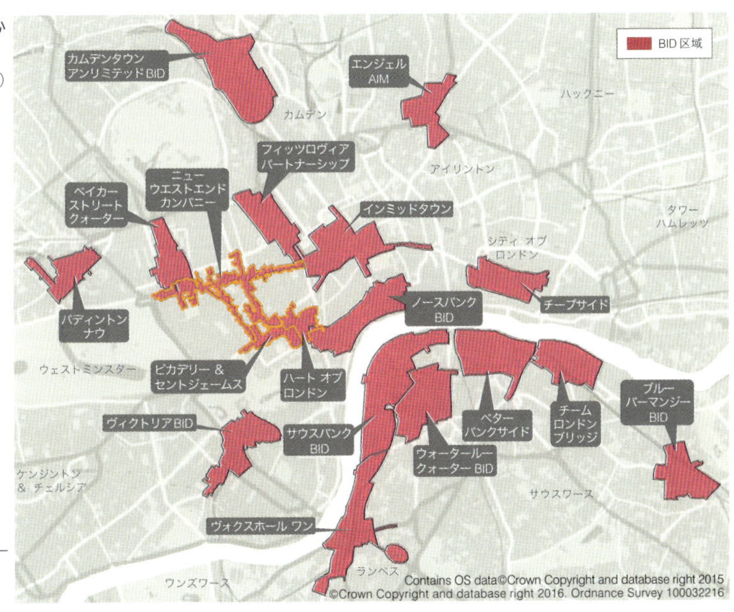

1）大ロンドン：Greater London

●ロンドンのBID

1. ベターバンクサイドBID

図11　ベターバンクサイドBID地区の様子（出典：FLAT IRON SQUARE ホームページ）

ベターバンクサイドBIDはロンドン中心部テムズ河の南岸に位置している。昔は工業用地として利用され一時は衰退と荒廃を経験したが、現在では、テート・モダン、バラ・マーケット、そしてシェイクスピア・グローブ座等を含むロンドン市内でももっとも賑やかなまちの1つとなり、年間約600万人が訪れる観光地でもある。BIDは、地区の安全をベースとしながらも、自然環境への配慮やビジネス環境の整備に力を入れている。特徴的な活動として、自転車修理サービスや歩道空間整備、バンクサイドの緑化に対する投資や公民連携のハード整備が挙げられる。また隣接BIDとともに連携し、地元雇用促進のプロモーションも行っている。

2. ロンドンブリッジ地区BID（Team London Bridge）

ロンドンブリッジ地区BIDは2006年に設立され、地区内には国際企業から中小企業まで340社以上が立地している 。ロンドン中心部テムズ河南岸に位置し、ロンドン橋からタワーブリッジまで、ロンドン市役所や、病院、キングスカレッジ（大学）などさまざまな施設が含まれている。以前は治安の悪いエリアであったが、再開発が多く行われ現在の姿となった。ハードを含めた景観整備を行い、通り沿いの壁面緑化や植樹、清掃に力を入れている。ビジネス支援・環境整備では、雇用の斡旋、新規企業の登録、基金による支援、リサイクル事業など多様な事業が実施されている。BIDが関わっているロンドンブリッジライブアーツイベントの参加者は2500人を超す。

図12　BIDが策定したロンドンブリッジプラン（出典：Team London Bridge ホームページ）

●スウォンジーのBID

1. スウォンジーの概要

スウォンジー（Swansea）は、人口約24万人で、英国ウェールズにおける人口第2位の都市である。19世紀、産業革命発祥の地とされ、全盛期には世界の銅産業の90％のシェアを占め、ブリキ生産と磁器のまちとして栄えた。しかし、その後、大規模な環境汚染が起こり、産業は衰退していった。

2. スウォンジーBID成立の経緯と特徴

スウォンジーは、英国内でも初期段階からBID制度を取り入れてきた都市である。ATCM（the Association of Town Centre Management）のBIDパイロット事業に選定され、ウェールズで最初のBIDとなった。2006年に設立され、2016年8月からは第3期を迎えており、836の企業・組織が加入している。BIDエリアには、ショッピングセンターやスーパーマーケット、バスステーション、観光センター、美術館等が集積している。スウォンジーBIDとウェールズ大学の協働事業であるCreative Bubble Project（空き店舗活用事業）は、2015年全英BID協会（British BIDs）の誇り高きプロジェクト（Proud Project）の最終選考に残るなどその実績は全英レベルでも評価が高い。2013年には、ウェールズ政府によるBID評価が行われており、政府がカーディフ大学に第三者的な立場で分析を依頼するなど、地域レベルでの協働が見られる。

図13　スウォンジー中心部（キャッスルスクエア）（出典：The means : to change places for the better. Review of Business Improvement in Wales June 2013）

3. スウォンジー BID の活動

スウォンジーでは中心市街地活性化のため、駐車場と交通分野での施策が重要とされ、いかに駐車場の利用率を上げて中心市街地にとどまってもらうのかという観点で、ワーカーズ駐車割引券やパークアンドライド等の取り組みが行われている。

ナイトタイムエコノミーの推進のため警備や防犯活動にも力を入れ、2015 年 2 月に ATCM のパープルフラッグ認定を取得している。この認定は、地元自治体とレストランやシネマなど、多くのステイクホルダーと連携し、安全かつ官民のパートナーシップを組んだ推奨すべきプログラムを行っている都市が認定されるものである。

安全・安心分野で特徴的なのが、タクシー乗り場でのいさかい等を防ぐために整理員を置く「タクシーマーシャル」事業である。なおアルコール関連でのトラブル処理数が、BID の自己評価項目にもなっている。そして、警備員・案内人を置く「レンジャーズ」事業があり、前述のパープルフラッグ認定にも貢献した。

その他、さまざまなイベントや事業などで、BID が資金調達を行っていることや、ウェールズ政府・英国政府の事業へのコンサルティング窓口業務を行っていることは特徴的である。

図 14　タクシーマーシャル事業
(出典：図 13 と同じ)

ドイツの BID

ドイツの BID 制度は、2004 年ハンブルク市（自由ハンザ都市、州と同じ権限を持つ）で生まれた。その後、ヘッセン、ブレーメン、ザールラント州など 10 州で法制化されたが、全州で制度化されているわけではなく、議会での反対により却下された州もある。連邦レベルでは、2007 年、建設法典に BID 条項が加えられ、米英とは異なる独自の発展を遂げている。

制度導入のきっかけとなったのが、ハンブルク市、内アルスター湖沿岸のユングフェルンシュティークにおける州の整備事業である。地元資産家の寄付等を財源として湖岸や歩道に敷石を設置し、空間の再整備が行われた結果、賑わいが戻ってきた。そして、このプロジェクトの成功をみていた周辺権利者から、同様の整備を行いたいという要望が寄せられ、パイロットプロジェクトの実施をへて、州 BID 法の制定にいたった。現在ドイツでは 30 弱の BID が運営され

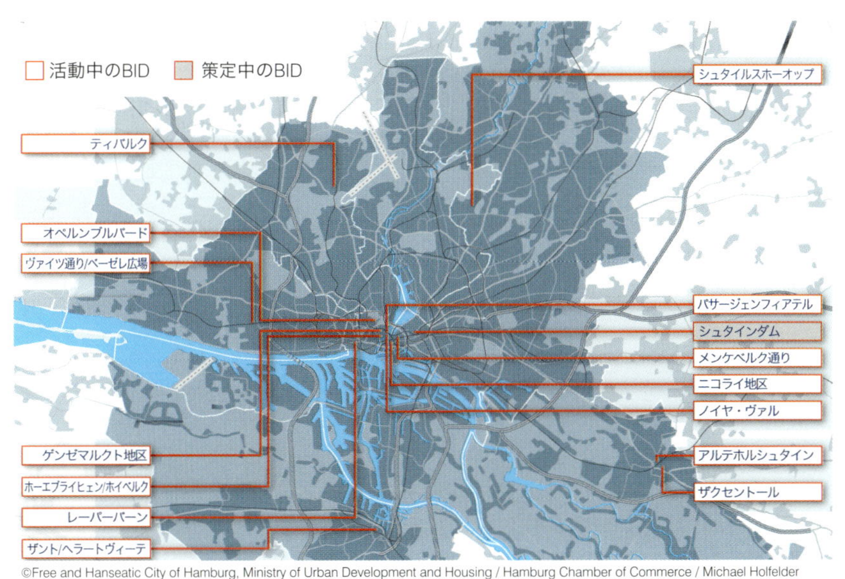

図 15　ハンブルクにおける BID（10 Jahre Business Improvement Districts in Hamburg より作成）

ており、そのうち半分以上がハンブルク市に位置する。なお、ドイツのBID制度にはサンセット条項が規定されており、3〜5年の更新期限を設けている。その結果、役目を終え、完了・廃止されているBIDも存在する。

●ハンブルク市のBID

1. ハンブルク市のBID地区と運営主体

ハンブルク市はドイツにおいてもっとも多くのBIDを有しており、2018年現在、14地区でBIDが設定されている（図15参照）。また、1地区が現在策定中であることからBIDの活動がもっとも盛んな都市であると言える。なお、運営組織は、建設会社やコンサルタント、地元まちづくり組織等であり、都心部においては、1つの会社が複数のBIDの運営を行っている点は興味深い。

図16　ハンブルク市内のBID地区の様子（出典：（左上、右上）ノイヤ・ヴァルBIDホームページより、（左下）ハンブルク市ホームページより（提供：BID Passagenviertel c/o Zum Felde GmbH）、（右下）ハンブルク市ホームページより（提供：Bergedorf stadtmarketing））

2. ハンブルク市のBIDの主な活動

北米とは異なり、公共空間等の高質化を目的とした空間再整備と商業活性化が主な活動である。道路・歩道の敷石整備、駐車場や街路照明の整備、ベンチや路上のフラワーポット、イルミネーションの設置などに加え、テナントマネジメント等の商業活性化施策も行われている。

3. ノイヤ・ヴァルBID（Neuer Wall BID）

ノイヤ・ヴァルBIDは、2005年ハンブルク市の中心市街地で初めて創設されたBIDである。以前は家具屋街であったが、BIDによる高質な敷石の敷設工事の実施やフラワーポットの設置、イルミネーションの整備等による通りの環境改善により、多くのブランド店舗が入居し、高級ブランドが集まるショッピングストリートとなった。

遅れて入居したシャネルは従来の3倍の賃料を払うなど、地区のブランディング、地価・賃料上昇への効果があったと考えられる。近年、来客数の増加や賃料の上昇等の要因により地区内の床需要が高まり、従前2階建てだった通り沿いの建物が4階建てに建て替えられるなどの現象も起こっており、中心市街地活性化策としてのBID活動の効果が顕著に表れた事例だと言えよう。

このBIDは、3期目を迎えている。1期目では約20%の反対があったが、2期目では5%程度の反対、現在では、ほとんど反対者がいないということもBIDによる市街地活性化の成果が実際に見えてきているからであろう。

4. BIDヴァイツ通り／ベーゼレ広場（BID Waitzstraße/Beselerplatz）

BIDヴァイツ通り／ベーゼレ広場は、中心部から電車で20分ほどの郊外住宅地のなかにある小さな商店街である。ショップ、カフェ、レストラン、事務所などが立地している。BID設立前は大規模ショッピングモールの台頭により、その商業的求心力は下がっていき、中心市街地が衰退していた。歴史的建造物の保全もなされず、樹木の立ち枯れ等の管理不全が起こって多くの課題が山積していた。そのため、2015年にBIDが設立され、道路の一方通行化を行い、高齢者が商店の正面に駐車できるスペースを作った。そして、街路灯やベンチの整備、車道と歩道を区別する道路舗装の色分け、樹木の植え替え、イベントスペースの整備などが行われた。

図 17　ノイヤ・ヴァル地区（出典：Wikimedia Commons（撮影：sezaun））

図 18　BID ヴァイツ通り／ベーゼレ広場の様子(出典：IGH Ingenieurgesellschaft Haartje mbH ホームページ)

海外事例から学ぶ

1. ハード整備を含めた公共空間等の利活用と管理

デンバーでは、ダウンタウンデンバーパートナーシップが BID を含む関連組織を管理するホールディングス制をとり、大きな傘の役割を果たしているが、そこから派生した団体が、市の補助金と市債発行により歩道の拡幅を行い、その空間の管理を行っている。ロンドン中心部でも歩行者空間の整備や緑化を公民連携で行っている。ドイツでは、商業振興を目的とした空間整備の一環として、街路の敷石の再整備や街灯の設置などハード整備を行い、管理も行うという仕組みが出来ている。そして、BID 管理者は、建設関係や都市開発コンサルであることが多く、都心部では、1 つの企業が複数の BID の運営を行っていることから、ハード整備と管理がセットで事業化されていることが分かる。

2. BID による社会実験と評価／ BID 法案策定のためのパイロットプロジェクト

デンバーでは、公共交通・歩行者空間のあり方を探るため実際に交通ルートを変え、社会実験とその評価を行っている。近年、日本でもエリアマネジメント団体による公共空間等利活用のための社会実験が増えてきており、この事例は参考となるであろう。イギリスやドイツでは、BID を策定する前の段階でパイロットプロジェクトを行い、BID が機能するかどうかを確認したうえで法案を策定している。

3. BID を終わらせるのか更新するのか：サンセット条項と BID の評価

米国・英国・ドイツの 3 カ国とも、3 年から 5 年もしくは 10 年などの BID 更新条項を入れており、常に権利者の目から BID の活動を評価し、改善してゆく仕組みが作られている。ドイツでは、実際に BID を運用したのち、問題が起こった場合や、役目を終えたとされた場合、無理に更新するのではなく、完了・廃止とするなど、非常にフレキシブルな運用がなされている。スウォンジー BID の位置するウェールズでは、政府が大学に依頼して第 3 者機関としての評価を求めるなど、BID に対する外部評価も行われている。

海外 BID の情報発信活動

都市の魅力を発信する

米国・英国の BID では、多様な活動報告書が作成されている。たとえば、5 年ごとの更新が決まっている英国では、投票を行うため次の 5 年間に行う活動の計画書とともに、これまで達成されたさまざまな事項について魅力的なレポート集を作成している。

そこで本コラムでは、その多様な事例を紹介する。

ノッティンガム BID

ノッティンガム BID では、デザイン性を重視した 5 年報告書／計画書を作成している。ファッション雑誌に用いられるようなクオリティの高い写真を用い、インパクトの強いデザインとなっている。

BID の活動については、地図とアプリの連動や、広報活動、無料・割引駐車、イベント、防犯活動、ナイトタイムエコノミー（パープルフラッグ認定）、清掃等に加え、商業プロモーションに力を入れており、勤務者や学生に対するさまざまな限定特典を用意するなど、地域経済を活性化する施策を行っている。一方で、デザインのみならずこれまでの活動を踏まえ、今後 BID メンバーの求めることについてのアンケート結果も公表されており、プレイスメイキング（Place Making：46％）、管理（Place Management：33％）、許認可等（Licensing：21％）の順となっている。その他、要望の多いものとして、イベントやキャンペーン、オンラインのプレゼンス、外部発信に関するものが見られた。

ダウンタウンデンバーパートナーシップ

ダウンタウンデンバー報告書では、BID の範囲のみならず、ダウンタウン全体の基本的な統計データの変化や BID 活動などによる実績等が、インフォグラフィックによって分かりやすく表現されている。報告書

図 1　ノッティンガム BID 5 年報告書／計画書（2015）

図 2　ダウンタウンデンバー報告書（2016）

図 3　ダウンタウンボストン BID 5 年報告書（2016）

では、①開発と投資、②オフィス床および企業、③雇用、④大学と学生数、⑤住民数と住居、⑥人口動態、⑦小売業とレストラン、⑧モビリティ、⑨パブリックスペースとそこで行われる活動、⑩観光とアトラクション等が設定され、とくにBIDに関連する項目としては、⑨のパブリックスペースの利用として、パブリックスペースごとに、年間どれだけ稼働したか、イベントへの参加人数、主なイベント名等が挙げられている。

ダウンタウンボストンBID

ダウンタウンボストンBIDでは、5年間の活動報告書として、毎年の成果や実績を経年で示している。

主な項目として、①まちの美化、②おもてなし活動、③清掃、④ダウンタウン内のマンション立地、⑤ボストンのマーケットトレンドとして、評価資産額や賃料、空室率等の変化、⑥ハイテク産業の立地数なども示されている。

たとえば、BID活動の成果について、①まちの美化では、プランターの数、ハンギングバスケット、ホリデイリース等の設置活動の数をカウントしている。⑥ハイテク産業の立地については、BIDがダウンタウンの目標を掲げてハイテク産業誘致活動を後押しすることで、公民連携で世界レベルの金融都市となるべく、ダウンタウンの環境を整え、ビジネスをしやすい環境を作りだし、より一層の投資も呼び込んでいくといった、良いサイクルを作りだしている。

図4　ノッティンガムBIDの5年報告書／計画書（2015）

具体的で分かりやすい年次報告書

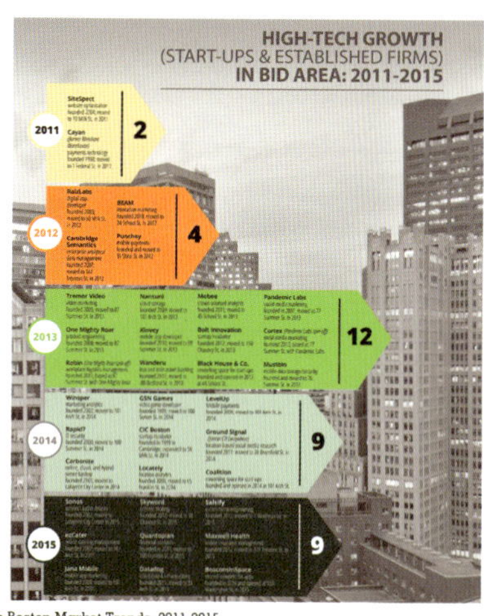

Downtown Boston Market Trends, 2011-2015

	2011	2012	2013	2014	2015	5-Year Trend or Average
Assessed Value of BID Commercial Real Estate (approx. 650 parcels)	$4.597 Billion	$4.670 Billion	$5.066 Billion	$5.386 Billion	$6.287 Billion	7.3% Average Annual Increase
Vacancy Rate (Office Space, All Classes)	15.9%	11.7%	11.8%	11%	8.7%	1.44% Average Annual Decrease
Average Asking Rent (Office Space, Per Sq. Ft., All Classes)	$44.48	$45.41	$48.26	$52.09	$56.02	5.18% Average Annual Increase
Average Occupancy Rate For Downtown Area Hotel Rooms	79.5%	79.5%	81.8%	83.1%	83.48%	81.48%

SOURCES: City of Boston Assessing Department; JLL Office Statistics: Downtown Boston, Q4 2011-15; Boston Redevelopment Authority "Hotels in Boston Powerpoint," 9.23.14; Pinnacle Advisory Group.

▲ダウンタウンボストン BID 5 年活動報告書（2016）

MOBILITY

Multimodal transportation options – including rail, bus, bike lanes, and shared transportation services – converge in Downtown Denver to provide seamless and convenient access for commuters, residents, and visitors alike.

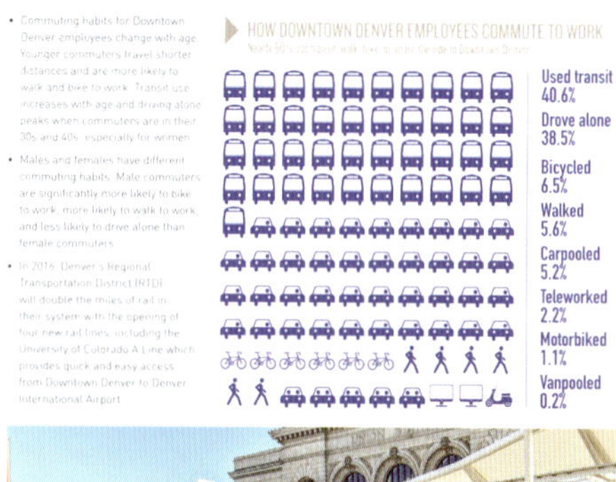

PARK OR PUBLIC SPACE	DAYS ACTIVATED IN 2015	EVENT ATTENDANCE IN 2015 (EST.)	SAMPLE EVENTS 2015
16TH STREET MALL	153	MILLIONS	★Your Keys to the City★ ★Meet in the Street★ Zombie Crawl
CIVIC CENTER PARK	183	2,482,000	★Taste of Colorado★ Pride Fest Civic Center Eats
SKYLINE PARK BLOCK 1	78	221,270	★Movies in Skyline Park★ Denver Christkindl Market
SKYLINE PARK BLOCK 2	250	98,137	★Southwest Rink at Skyline Park★ ★Games at Skyline Park★
SKYLINE PARK BLOCK 3	68	•1,676 DOGS •701 KIDS 2,324	★Pop-up Dog Park★ ★Kid's Play Area★
WYNKOOP PLAZA	17◑	3,110◑	Farmers' Market Doors Open Denver

★ DID DOWNTOWN DENVER PARTNERSHIP-PRODUCED ◑ PARTIAL YEAR

PRODUCED BY THE DOWNTOWN DENVER PARTNERSHIP |

▲ダウンタウンデンバーパートナーシップ発行の年次レポート（2016）

CHAPTER 4

活動空間と
エリアマネジメント団体の実際

前章で見たように、エリアの価値を維持または向上させる取り組みとして、昨今、全国各地で、平時や非常時を問わず、人々の生活に密着したさまざまなエリアマネジメント活動（以下、エリマネ活動という）が行われるようになった。

一方、それらの活動に活用する手段としての空間に目を向けると、エリアに眠ったまま、十分に活かされていないものが数多く見受けられる。その代表例が、公開空地（都市開発諸制度により設けられた一般向けに無料で開放された民有地）をはじめ、道路、河川、公園等の空間（以下、公共空間という）である。

2000年頃までは、エリマネ活動空間のうち、ごく一部の公開空地にかぎって、小規模なイベントが開催されたり、オープンカフェが設けられていたが、2003年に、東京都により公開空地の活用を後押しする制度「東京のしゃれた街並みづくり推進条例」が設けられると、これまで眠っていた空間が少しずつ活用されようになった。

さらにエリマネ活動が注目され始めるようになった10数年前から、活用ニーズの変化などを背景に、関連制度が見直され、これまで本来の機能のみを担ってきた公共空間においても、徐々にエリマネ活動が展開されるようになった。

エリマネ活動としての道路活用のはしりと言えるのが、大規模なイルミネーションイベントの「東京ミレナリオ」（丸の内仲通り）（1999～2005年）と、日本大通り（横浜市中区）のオープンカフェ（2005年以降継続中）であるが、いまや大都市だけでなく、豊田市や福井市などの中小都市の中心市街地の公共空間および公開空地などの公的空間（以下、公共空間と公開空間を合わせた場合は、公共空間等という）も、オープンカフェやマーケットイベントなどに積極的に活用されるようになっている。

アーク・カラヤン広場（提供：森ビル株式会社）

空間活用にともなう行政手続きや運営体制（人員、ノウハウ）については、一部課題を抱えつつも、上記のようにエリアマネジメント団体（以下、エリマネ団体という）が活用可能な空間は、ひところに比べて、目を見張るほど拡大している。

今後は、エリマネ団体が空間の質を上げるだけでなく、どのような仕組みで空間を活用し、必要に応じて行政と連携して空間を整備し、さらにそこから生まれる収入を運営財源にどう結びつけていくかが大きく問われる時代になったと思われる。

本章では上記の認識のもと、空間をいかに使いこなすかという視点に立ち、活動空間と空間の活用主体であるエリマネ団体が担う役割などを紹介する。

4－1節「どんな空間で活動しているか」では、エリマネ団体の活動舞台と言える公共空間等が、運営財源の確保、エリアの一体的な賑わいづくり、エリア価値の維持または向上に欠かせないことを述べる。さらに、空間という切り口でエリアマネジメントをとらえ、エリマネ活動に利用する空間を分類し、主な空間ごとに関連する制度を踏まえた最新の状況を紹介する。

4－2節「エリアマネジメント団体の役割」では、公共空間等を活用したイベント等にはさまざまな関係者が関わっているが、そのなかで主な関係者とその役割について述べる。エリマネ団体の役割は大きく2つあり、1つは、空間活用の「仲介者」や「コーディネーター」としての役割、もう1つは、行政の補完的機能を担う「公的な立場」としての役割である。この2つの役割について「We Love 天神協議会」と「まちづくり福井株式会社」の事例を紹介する。

4-1

どんな空間で活動しているか

天王寺公園エントランスエリア（てんしば）

公民連携による空間の整備と活用のすすめ

現在、エリマネ団体により公共空間をはじめとしたさまざまな空間を活用した数々のイベント活動や収益活動（オープンカフェ、エリアマネジメント広告など）が全国各地で行われている。エリマネ団体の活動舞台と言えるこれらの空間は、運営財源の確保、エリアの一体的な賑わいづくり、エリア価値の維持や向上に、いまや欠かせない。

このような空間活用を後押しする国の制度として、都市再生の推進に関する基本方針等を定めた「都市再生特別措置法」の改正により、道路占用の特例が2011年に設けられた。これを契機に、エリアマネジメントの一環として、歩道や車道を活用した社会実験も、全国各地で多く行われるようになった。

大手町・丸の内・有楽町地区など大都市の一部のエリアでは、数年の社会実験をへて空間の本格的な運用にシフトしているものもある。しかし、空間活用上の課題として許認可等の行政手続きが各方面から挙がっており、歩道や車道などの公共空間の活用の仕組みの構築はいまだ発展途上と言える。

今後、エリマネ活動をより一層推進するためには、社会のニーズや情勢の変化にあわせ、民間事業者による空間活用に対する行政のより柔軟な対応が求められる。また、ガイドラインや空間整備計画を策定し、行政や民が連携してエリマネ活動を行うための空間を作り、それを活用する仕組みの構築が重要であると考える。

なお、本節以降で取り上げる国内事例は、エリマネ団体が空間をより一層活用し、関係者間の協議・調整の仕組みを構築することに役立てるため、先行事例の多い大都市を中心とする。

空間の分類

現在、エリマネ活動に利用されている空間は多岐にわたる。これらの空間を「屋外」または「屋内」、「公有」または「民有」で分類すると、次のように整理できる。

「屋外」には、公有空間の公道（地下道、アーケード以外）、公園（広場、緑地）、河川・港湾区域（河川・河川敷、管理用通路などのうち民有地以外のもの）、その他公有地（広場など）があり、民有空間である公開空地（歩道状空地、広場状空地など）、その他民有地（私道、広場、通路、市民緑地、ペデストリアンデッキのうち道路以外のもの）が挙げられる（図1）。

「屋内」は、公共施設（公立の美術館・図書館・学校・ホールなど）、公開空地（アトリウム）、民有の空き家・住宅・店舗・オフィスなどがある。

これらの空間は、これまで単独で利用されるケースが多かったが、最近は、大手町・丸の内・有楽町地区などのように、エリマネ団体がエリア全体の価値を高めるため、エリア内の複数の種類の空間を組み合わせることがある。たとえば、道路と周辺の公開空地（歩道状空地やアトリウムなど）を束ね、一体的に活用するケースが現れている。

空間の定義は前述と異なるが、「全国エリアマネジメントネットワーク」が当ネットワーク会員のエリマネ団体（対象団体数33団体、有効回答数30団体）に実施したエリマネ活動に関する調査（2016年8月実施）によると、自主イベントの場として4割以上のエリマネ団体が活用している空間（複数回答）は、「歩道」と「広場」と「公開空地等」である（図2）。それに比べて「車道」「都市公園」「河川・港湾区域」などは、あまり活用されていない。

さらに、活用空間の種類数は1団体あたり平均2.9種類であり、先述の上記の3つの空間を中心にさまざまな種類の空間を活用している姿が読みとれる。

次項では、エリマネ団体に使われている主な空間として、「道路空間」「河川空間」「公園」「公開空地」「空き家」を取り上げ、既存制度との関わりや具体的な事例を紹介する。

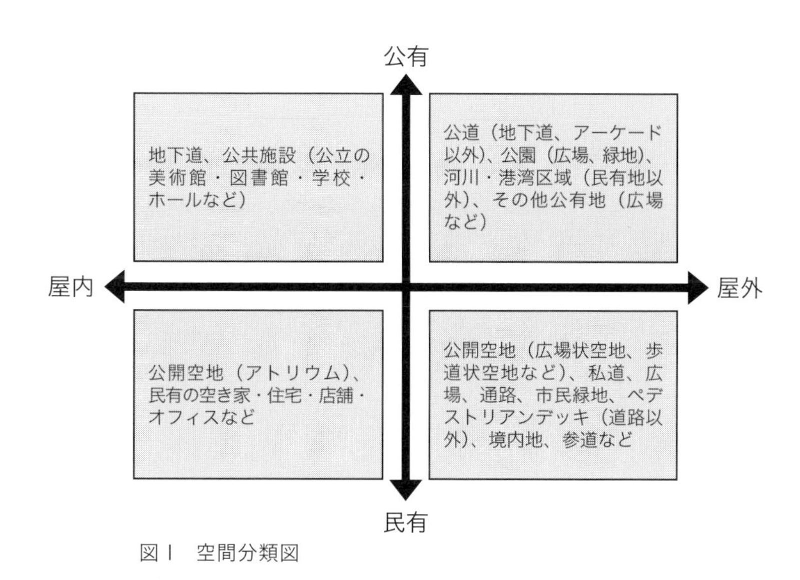

図1　空間分類図

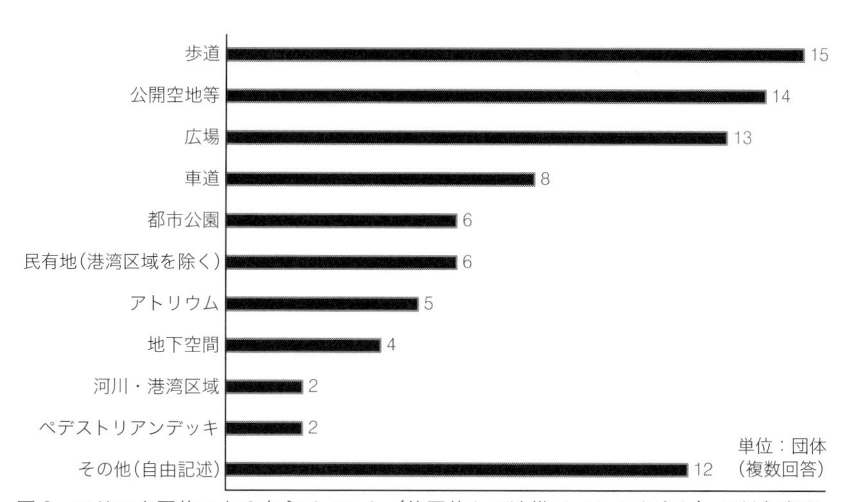

図2　エリマネ団体による自主イベント（他団体との連携イベントを含む）の対象空間

注）ある団体が異なるイベントで同じ種類の空間を活用している場合は「1」とカウント（「全国エリアマネジメントネットワーク」会員アンケート調査結果（2016年8月実施、対象団体数33団体、有効回答数30団体）より作成）

活動空間の実際

●道路空間

歩道や車道などの道路空間は、これまで「道路法」(1952年)や「道路交通法」(1960年)にて、適正な道路管理や良好な市街地環境の確保などの観点から、原則として一般交通以外の利用が制限され、高架下の駐車場利用など公共性の高い限定的な範囲の利用のみ行われてきた。

しかし近年の道路空間の活用ニーズの高まりや、厳しい財政事情での民間資金の活用の拡大を背景に、2011年以降は道路空間の占用に関する特例制度が相次いで制定され、道路空間の再編などが行われている。

2011年の「都市再生特別措置法」の改正(「道路法」の改正)や2014年の「国家戦略特別区域法」の施行にともなう「道路占用許可の特例」が制定され、

図3　道路空間の活用イメージ（出典：国土交通省 社会資本整備審議会・道路分科会・基本政策部会／第53回基本政策部会（2015年12月14日）配布資料4）

1

1　新虎通りを活用した「東京 新虎祭り」(提供：森ビル株式会社)
2　行幸通りを活用した「東京ミチテラス 2017」(提供:東京ミチテラス 2017 実行委員会)

2

これらの制度を活用した民間による歩道上のオープンカフェの営業や、路上での大規模イベントの開催の事例が増えている（図3）。また屋外空間以外にも千代田区の行幸通り地下道のように、マルシェなどに活用している例もある。地下空間は悪天候等にともなう中止リスクがないため、今後の活用が期待される。

●河川空間

道路空間と同様、河川空間も「河川法」（1947年）により、1990年代後半まで利水や治水など河川本来の目的以外の利用が、厳しく制限されていた。しかし、1990年代以降の河川環境の悪化等を背景に、1997年に河川環境の整備や保全も目的とした「河川法」の改正が行われ、レジャーとしての活用も認められるようになった。その後、河川空間を占用するための基準「河川敷地占用許可準則」（1999年）と、都市や地域の再生のため河川空間をもっと活用すべきであるという方針（2002年）が策定され、2004年に許可準則の一部が改正された。これを受けて翌年に社会実験ではあるが、民間事業者により河川区域内にオープンカフェやテラスが作られた。その後も許可準則が改正され、現在は、民間事業者による河川空間の占用が認められ、かつ占用期間が3年から10年に延長されている（図4）。

河川空間活用の先駆け的な事例として「北浜テラス」（大阪市）や「京橋川オープンカフェ」（広島市）があり、現在は水上でのイベントなども行われている。

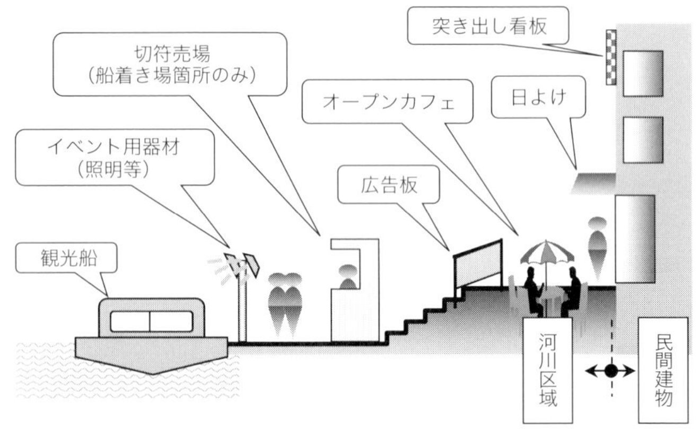

図4　河川空間利用のイメージ（出典：国土交通省水管理・国土保全局水政課資料「河川敷地占用許可準則の一部改正について」（2016年6月））

さまざまな活動活用

1

2

3

1　河川区域を活用したオープンカフェ（広島市京橋川）（提供：水の都ひろしま推進協議会）
2　河川区域を活用したカフェテラス（大阪市「北浜テラス」）
3　公園を活用したマーケットイベント（豊田市桜城址公園「STREET ＆ PARK MARKET」）
（提供：一般社団法人 TCCM）
4　公開空地を活用したヨガイベント（虎ノ門ヒルズ公開空地「オーバル広場」）（提供：森ビル株式会社）
5　空き家（蔵と古民家）をリノベして作られた複合施設（豊田市「MAMATOCO（ママトコ）」）
（提供：豊田まちづくり株式会社）

5

4

●公園

「都市公園法」（1956年創設）等に基づいて整備された公園は、これまで緑とオープンスペースの確保を担ってきた。また、社会の成熟化、市民の価値観の多様化を背景に、一部の公園では、都市公園の機能増進等を目的に、民間により公園施設（売店・飲食店等の便益施設を含む）が設置されたり、マルシェやビアフェスなどのイベントにも活用されてきた。

そして近年の民間による公園活用への関心の高まり等を背景に「都市公園法」が改正され、公園にサイクルポートや観光案内所が設置可能になった（2016年改正）。また、民間事業者による公共還元型の収益施設（カフェ、レストラン等）の設置管理制度が創設されるとともに、保育所等も設置可能となった（2017年改正）。本制度は、民間事業者から設置管理者を公募選定する仕組みとなっており、設置管理許可期間が10年から20年に延長されている。

本制度創設前に民間の資金・ノウハウを活用して進められたPFI（Private Finance Initiative）事例の1つとして「天王寺公園」がある。大阪市が、エントランスエリア（約2.5万 m^2）の再整備と魅力の向上を効率的かつ効果的に行うため、エリアの再整備と管理運営を自らの負担により行う事業者を公募し、選定された事業者（近鉄不動産）が、「てんしば」という愛称で、カフェ、レストラン、子どもの遊び場、フットサルコート、ドッグラン、コンビニエンスストア、駐車場等の収益施設、芝生広場（約7000 m^2）、園路等を事業者負担により整備した。2015年10月から20年間の契約（協定締結）で公園の管理運営を行っている。

●公開空地

「総合設計制度」（1971年創設）などの都市開発諸制度を活用して設けられた一般向けに無料開放された民有地（歩道状空地やアトリウムなど）が、公開空地である。公開空地は、設置の見返りに開発者に容積率のボーナスが与えられることから、1980年代から2000年代にかけて大規模開発等が計画された大都市中心部において数多く設けられた。これにより大都市の公開空地は増えたが、使いやすさや居心地の良さといった質的な部分は、ないがしろにされていたきらいがあった。

その後、公共空間の効果的な活用が叫ばれたころと時を同じくして、エリマネ団体による民有地の活用ニーズが高まり、公開空地の活用を後押しする制度が生まれた。その1つが2003年に東京都により創設された「東京のしゃれた街並みづくり推進条例」における「まちづくり団体の登録制度」である。詳細は後述するが、公開空地において地域の賑わいを向上させるイベント等の活動を認め、活動期間や行政手続きの一部を緩和する制度である。2018年3月末現在延べ62団体が登録されており（東京都都市整備局ホームページによる）、各地の広場状空地やアトリウムを活用し、音楽、食、アートなどの分野のベントが行われている。

●空き家など

少子化や単身高齢者の増加や地域の魅力低下にともなう若者離れを背景に、近年地方都市を中心に増えているのが空き家である。倒壊寸前で危険な状態のもの、店を畳んだ所有者が1階を手つかずの状態で放置しているものなど、態様はさまざまである。上記の課題を解決するため「空き家等対策の推進に関する特別措置法」が2015年5月に施行され3年が経過した。本法により空き家の再生等の一定の成果が見られ、事業者がコストを抑えつつ、工夫を凝らして、エリア単位でリノベーション（以下、リノベという）するなど、賑わいを生みだす新たな動きが出てきた。

たとえば、豊田市（人口42万人、2018年4月初現在）は、中心市街地で増えつつある空き店舗などを含むまちの再生を目的に、「豊田市中心市街地活性化協議会」がリノベを進めている。その1つが、名鉄豊田市駅近くにある「CONTENTS nishimachi（コンテンツニシマチ）」である。昭和期に駄菓子屋として親しまれ、約10年間空き家だった木造2階の建物をリノベし、2016年におしゃれな複合施設（1階はカフェとベーカリー、2階は地元のロックバンドの音楽活動拠点）として生まれ変わった。また、「豊田まちづくり株式会社」が公園に隣接する築100年の蔵と古民家をリノベした子育て世代も交流できるカフェ・ショップ＆コミュニティ施設「MAMATOCO（ママトコ）」（2015年）は、地元の人気施設として賑わっている。従来のマスタープラン型の都市づくりに限界を感じ、個々のリノベを手始めに、点から面へエリア全体に繋げるエリアネットワーク型の都市づくりの考えが地方都市でも浸透しつつある。

4-2

エリアマネジメント団体の役割

東京 新虎まつり（提供：森ビル株式会社）

空間活用に関わるエリアマネジメント団体や行政の役割

道路などを活用してオープンカフェを設置したり、イベント等を開催する際は、下図に示すように、①空間活用実施主体であるエリマネ団体、②行政等、③民間協力者、④主催者など、多様な主体が関わっている。なかでも中心的な役割を果たすのが、①のエリマネ団体である（図 5）。空間活用の準備段階において②の行政と④の主催者の間に立って手続きを進める仲介者としての役割と、道路等の占用を申請する公的団体としての位置づけが求められる。

小規模のエリマネ団体などの場合、仲介者ではなく、エリマネ団体が主催者として自らイベントを開催する場合もある（図 5 の①＝④の場合）。

オープンカフェの設置やイベント開催等に向けて、各主体がうまく連携、協力すれば、計画どおりに進められるが、おのおのの立場や事情が相反する場面になると、スケジュールや内容の変更または中止を余儀なくされるという声も聞かれる。そのような手続上の課題と展望は、関連する法制度とあわせて 5 章で詳しく触れるので、本節ではエリマネ団体を中心にその特徴と役割を述べる。

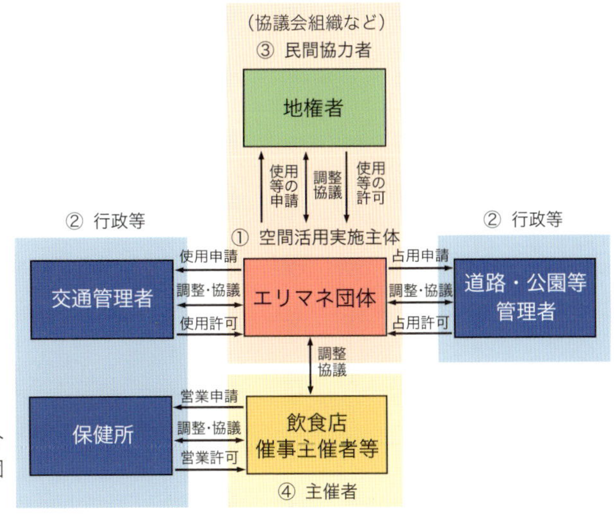

図 5　空間活用の仲介者としてのエリマネ団体の役割（イメージ）

●エリアマネジメント団体の特徴と役割

空間活用に関わる主体として、重要な役割を担うのがエリマネ団体である。エリマネ団体の特徴としてさまざまな組織形態がある。任意団体から株式会社、一般社団法人、NPO法人と多岐にわたり、「全国エリアマネジメントネットワーク」会員向けアンケート調査結果によれば、もっとも多い形態が任意組織（43%）であり、一般社団法人（構成比23%）、株式会社（構成比20%）がこれに続く（図6）。

わが国では、エリマネ団体が実施する活動内容により、とるべき組織形態は異なる。一般的には、最初は任意組織としてのまちづくり協議会形式をとり、法人組織に移行するケースが多いが、ある一定の期間をへた後、協議会を残し、並列的に法人組織を置く重層構造のケースも見られる。エリマネ活動を進めていくと、法人格を持った組織でなければ扱えない事項がでてきて、目的に応じて別法人を設立したり、既存の一般社団法人や株式会社を借りて法人化している。

このほかエリマネ団体が空間を活用するにあたり利用できる法人制度がある。主なものに、「都市再生特別措置法」に基づく「都市再生推進法人制度」（p.122参照）や「地域再生法」に基づく「地域再生推進法人制度」「東京のしゃれた街並みづくり推進条例」における「まちづくり団体の登録制度」（東京都）などがある。上記条例に基づく登録団体は、行政を補完する施策推進主体として一定の優遇措置を受けられる。

また、エリマネ団体の主な収入源は「会費」がもっとも多く40%を占め、次いで空間活用等にともなう収入を含む「事業収入」が多く30%を占める（図7）。一方、団体形態については、認定のためのハードルが高い公益社団法人や認定NPO法人にならないかぎり、税制上の優遇措置はなく、各団体は運営財源の確保に苦慮しているのが現実である。

エリマネ団体は空間活用の中心的な役割を持っており、自らイベント等を開催する際は、企画から工程管理や行政手続等の準備段階、イベント実行時の現場指揮、緊急対応にいたるすべてに関与し、他の団体がイベントを主催する際には、行政等との調整窓口になるなど、コーディネーターとしての役割を担う。

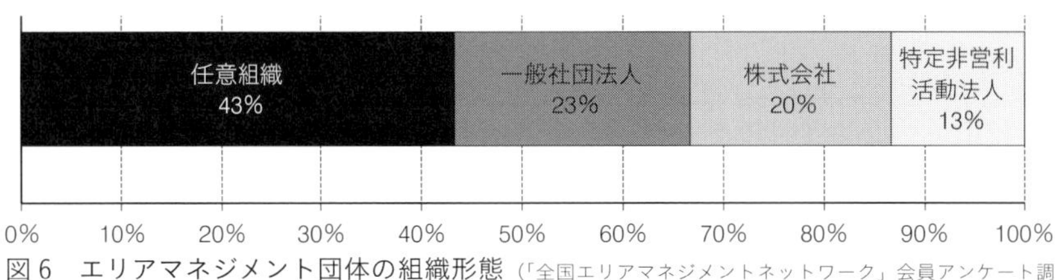

図6　エリアマネジメント団体の組織形態（「全国エリアマネジメントネットワーク」会員アンケート調査結果（2016年8月実施、対象団体数33団体、有効回答数30団体）より作成）

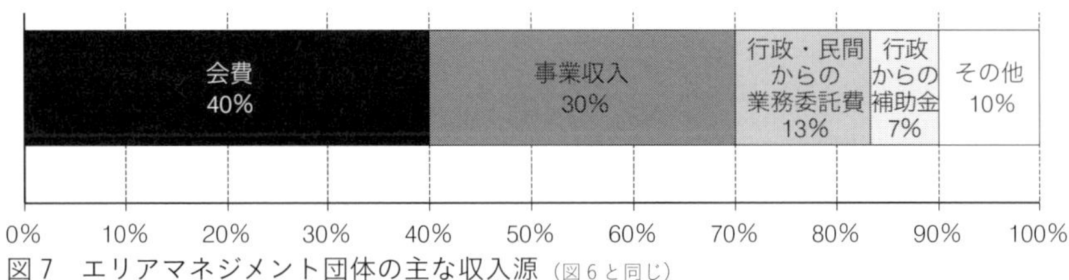

図7　エリアマネジメント団体の主な収入源（図6と同じ）

●行政等に期待される役割

公共空間の活用における行政等の役割は、管理者の立場でエリマネ団体からの申請に基づき協議を進め、空間本来の利用目的に照らし、エリマネ団体がその目的を阻害しない範囲で賑わい創出等の活動ができるよう、許可等を与えることである。先述のように公共空間は、ここ10年間の各種許可基準の緩和や特例等により、以前に比べて手続等も含め活用しやすくなった。

一方、申請者のエリマネ団体からよく聞かれる声には、行政担当者が変わると対応が異なることや、許可が下りるまで時間がかかることなどがあり、またさまざまな手続きを行う窓口の一元化を望む声もある。このような声を受けて大阪市は、行政組織内部にエリアマネジメント支援担当窓口を設けたり、官民が一体となってエリアマネジメントを推進するためのプラットフォーム「大阪エリアマネジメント活性化会議」を設けている（p.175〜177参照）。また福井市のように、中心市街地の公共空間活用の検討会や協議会に、民間事業者だけでなく行政等（警察、保健所を含む）も加わり、調整や協議を進める（p.125〜126参照）などのスムーズな手続きを促す例が出てきており、今後の発展が期待される。

コーディネーター役を担うエリアマネジメント団体
—We Love 天神協議会を例に

「We Love 天神協議会」（以下、天神協議会という）は、福岡市（人口153万人、2018年3月末現在）を代表する業務・商業集積地（天神1、2丁目）（図8）においてイベント等のエリマネ活動を行う任意団体である。

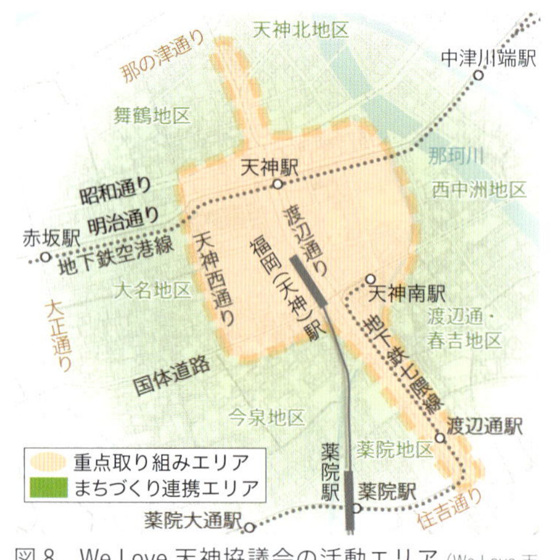

図8　We Love 天神協議会の活動エリア（We Love 天神協議会「天神まちづくりガイドライン」（2008年4月）より作成）

天神協議会は、地元の商店会組織、行政（福岡市）、民間企業、大学を構成員として2006年に設立された。当エリアでは、既存の商店会組織が、天神協議会発足以前から、行政と連携しイベントを開催してきたため、会費拠出の習慣が根づいており、天神協議会の会費の仕組みもこれをもとに作られた。

天神協議会は、2008年に地区関係者が共有できる「将来の目標像」とその実現を図るための戦略と、具体的な活動である施策で構成される「天神まちづくりガイドライン」を策定した。戦略の1つの「大人のまなざし行動戦略」は、ボランティアや地区内の既存の組織、行政、警察、消防署等との連携を深め、危険行為や不快な行為に対し、「天神ルール」を設定するなど、高いモラル・マナーを徹底するとともに、清掃活動などの拡大や、防犯・防災活動に取り組んでいる。活動の要の組織である天神協議会は、警察や行政や消防署との連携の窓口になるとともに、エリア内の既存の民間組織の連絡調整窓口となるなど、コーディネーターとしての役割を担っており（図9）、天神協議会発足前から築かれた官民連携体制が活かされている。

福岡市は「福岡市地域まちづくり推進要綱」（以下、推進要綱という）に基づき、まちづくり活動を行う組織を「地域まちづくり協議会」（以下、地域まち協という）として登録しその活動を支援している。登録に一定の要件を満たす必要があるが、登録のメリットとしては活動費の助成やまちづくりの専門家の派遣がある。

地域まち協は、推進要綱に基づき、公開空地を活用したまちの賑わいや魅力づくりを推進するため、公開空地等の活用の目標、方針その他必要な事項を定めた「公開空地等活用計画」（以下、活用計画という）を作成できる。現在登録されている活用計画は「We Love 天神協議会公開空地等活用計画」のみである。活用計画が認められると公益性のあるイベントは、年 180 日以内かつ 1 イベントにつき 10 日以内ならば、物販やサービスの提供が可能である。

組織の連携

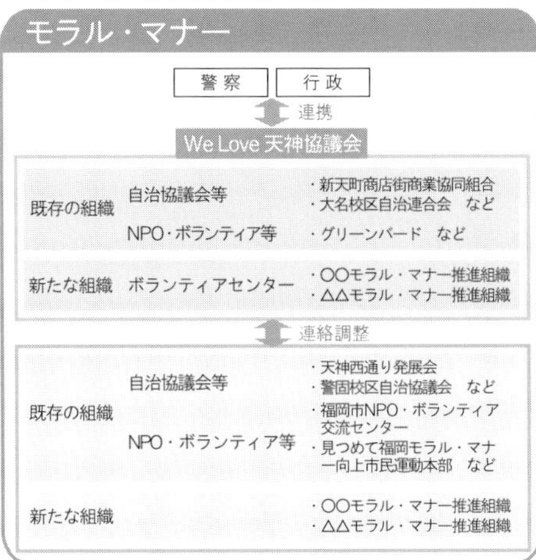

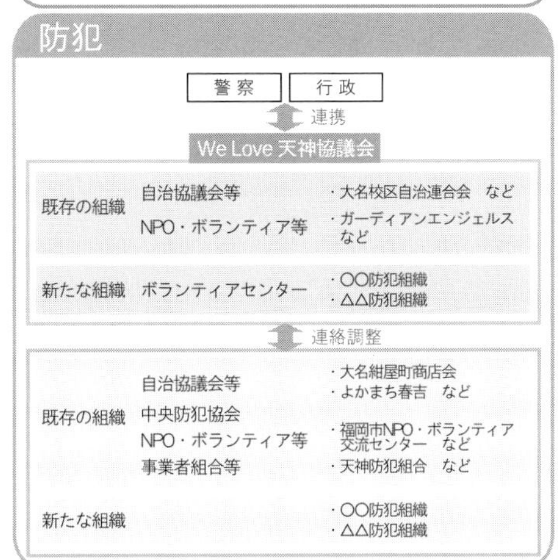

図 9 「大人のまなざし行動戦略」（モラル・マナー、防犯）における We Love 天神協議会の役割
（図 8 と同じ）

また地域まち協は、まちの賑わい創出等を推進し、安全・安心で快適な魅力あるまちづくりを行うため、活用計画に記載する事業の事業者から、事業収益の一部をまちづくり協力金として受け取り、自らが行うまちづくり活動の経費に充当できる。天神協議会は、収益の 10% を徴収するなど（2015 年協力金は約 180 万円）、公開空地を活用したイベントのコーディネーターの役割を担っている。

エリアマネジメント団体の公的立場を支える制度

●公的位置づけを付与する都市再生推進法人制度

エリマネ団体に公的な位置づけを付与する仕組みの1つに「都市再生推進法人制度」がある。都市再生推進法人（以下、推進法人という）は、「都市再生特別措置法」（2002年制定）に基づき、「都市再生整備計画」（地域の特性を踏まえ、まちづくりの目標とその目標を実現するために実施する各種事業等が記載されたもの）の区域内におけるまちづくりを担う法人として、市町村より指定される（図10）。推進法人には、市町村や民間デベロッパー等では十分果たすことができない、まちづくりのコーディネーターとしての役割が期待されているが、2016年12月末日時点で推進法人の指定を受けているのは25法人にとどまり、今後は指定権者である市町村のエリマネ活動等への理解が進むとともに、メリットが拡充されることが期待される。

推進法人の主なメリットは、公的な立場が付与されるほか、市町村への都市再生整備計画の提案や次に述べる「都市利便増進協定」の締結が可能となること、さらに各種融資・補助制度などがある。推進法人になることができるのは、一般社団法人と一般財団法人（公益を含む）、NPO法人、まちづくり会社である。なお株式会社は、推進法人の指定にこれまで市町村の3%の出資が要件だったが、2016年の都市再生特別措置法の改正により、この要件が撤廃された。

●エリアマネジメント団体の財源確保にも役立つ都市利便増進協定

「都市利便増進協定」は、「都市再生特別措置法」に基づき、地域住民や推進法人等がエリマネ活動等の自主ルールを定めるための協定制度である。制度の大きな特徴は、都市再生整備計画区域内において、オープンカフェ、ベンチ、駐輪場、街灯などの「都市利便増進施設」の整備・管理を、個別に行うのではなく、地域住民等の発意により一体的に行い、区域の価値の維持・向上を図ることである（図11、表1）。

都市利便増進協定に定める内容の例として、推進法人の指定を受けたエリマネ団体が、道路占用許可の特例などを適用し、道路にてイベントや広告事業の収益事業を行い、収益をエリマネ活動等に還元することが可能である。ただし、都市利便増進協定には承継効（協定締結後の新たな権利者にもその効力が及ぶこと）がなく、土地等の権利者が代わった場合は、新しい権利者と協定を結び直す必要がある。

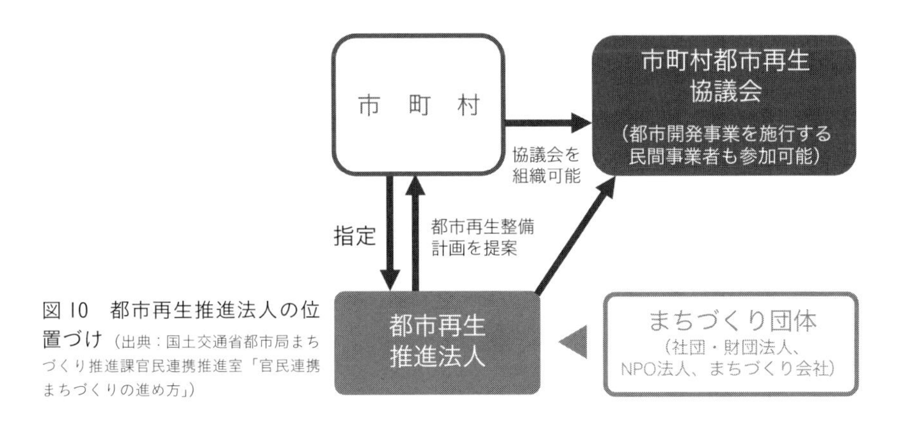

図10　都市再生推進法人の位置づけ（出典：国土交通省都市局まちづくり推進課官民連携推進室「官民連携まちづくりの進め方」）

表1　都市利便増進施設の種類

都市利便増進施設	施設区分
道路、通路、駐車場、駐輪場その他これらに類するもの	交通施設等
公園、緑地、広場その他これらに類するもの	公園系施設等
噴水、水流、池その他これらに類するもの	水系施設等
食事施設、購買施設、休憩施設、案内施設その他これらに類するもの	賑わいを創出する施設等
広告塔、案内板、看板、標識、旗ざお、パーキング・メーター、幕、アーチその他これらに類するもの	賑わいを創出する工作物・物件等
アーケード、柵、ベンチ又はその上屋その他これらに類するもの	道路附属物等
備蓄倉庫、耐震性貯水槽その他これらに類するもの	防災施設等
街灯、防犯カメラその他これらに類するもの	防犯工作物等
太陽光を電気に変換するための設備、雨水を利用するための雨水を貯留する施設その他これらに類するもの	環境対策施設・工作物等
彫刻、花壇、樹木、並木その他これらに類するもの	まち並み形成工作物・物件等

（国土交通省都市局まちづくり推進課官民連携推進室「官民連携まちづくりの進め方」より作成）

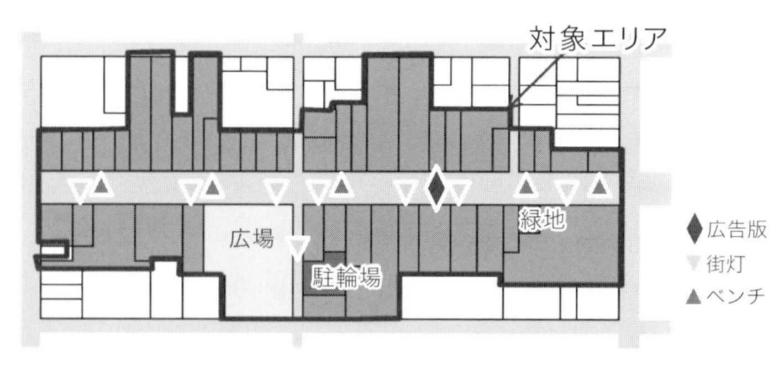

広場・緑地

広告版

街灯

ベンチ

イベントの開催

図 11　都市利便増進協定の区域と都市利便施設のイメージ（対象エリア図の出典：国土交通省都市局まちづくり推進課官民連携推進室「都市利便増進協定パンフレット」）

●都市再生推進法人「まちづくり福井株式会社」の挑戦

「まちづくり福井株式会社」は、大型ショッピングセンターの郊外立地等の影響により疲弊した福井市（人口 26 万人、2018 年 5 月初現在）中心市街地の再生を、官民連携により進める組織（福井市が 51％出資する第三セクター）として2000年に設立された。その後、コミュニティバスの運行や自社ビル内の小ホールの運営など、ソフト事業を中心に進めてきた。

福井市の中心市街地では、5 年後の北陸新幹線開通を契機に、新しいまちづ

図 12　屋根付き広場「ハピテラス」におけるイベント風景（提供：まちづくり福井株式会社）

くりが動き始めており、同社は、JR 福井駅西口の市街地再開発事業により 2016 年 4 月にオープンした複合施設「ハピリン」内にある屋根付き広場「ハピテラス」（図 12）と、能楽堂を備えた多目的ホール「ハピリンホール」を、福井市の指定管理を受け、賑わいづくりの一途として活用している。同社の収入はこの 2 施設の指定管理料や補助金を含めて約 2.7 億円に上る。

同社は「ハピテラス」において集客イベント（自主イベント以外を含む）をほぼ毎週末行うとともに、イベント来訪者の回遊性を高める取り組みも進めている。駅西側の百貨店「西武福井店」と「ハピリン」の 2 つの核と、これらを結ぶ「駅前電車通り」（賑わいの主要動線）を「2 核 1 モール」と位置づけ、「ハピリン」を起点に賑わいを面へと広げる取り組みである。具体的には、同社が福井市から推進法人の指定を受け（2013 年）、エリア内の「道路空間占用許可の特例」により、中心市街地の道路空間（歩道）を活用したオープンカフェ事業を実施している（図 13）。

さらに同社および福井警察署、福井市監理課、同市都市整備室等を構成員とする検討会が設置され、2013 年 7 月～ 10 月に社会実験を実施し、2014 年から本格稼働している。官民連携による検討会により、オープンカフェの事業者は道路占用許可と道路使用許可について、道路管理者と警察に個別申請する必要がなくなり、「まちづくり福井株式会社」がとりまとめ、福井市の担当窓口に一括申請手続すればよくなった。

また、同社と福井市は、中心市街地において福井市が管理する道路（「アップルロード」「ガレリア元町アーケード」「鳩の御門通り」）と「ガレリアポケット」を対象エリアとして、2018年4月に「都市利便増進協定」を結び、「アップルロード」と「ガレリア元町アーケード」を繋ぎ、将来的には先述の「2核1モール」から「2核2モール」として回遊性の向上に繋げる予定である。

「全国エリアマネジメントネットワーク」の会員でもある同社は、設立以来、第三セクターおよび指定管理者として行政を補完する役割を担ってきており、昨今は、駅周辺の再開発等の新しい動きにあわせ、公的な立場として行政や民間団体と連携し、中心市街地のエリアマネジメントのリーダーシップを発揮しつつあり、今後の活動がおおいに期待される。

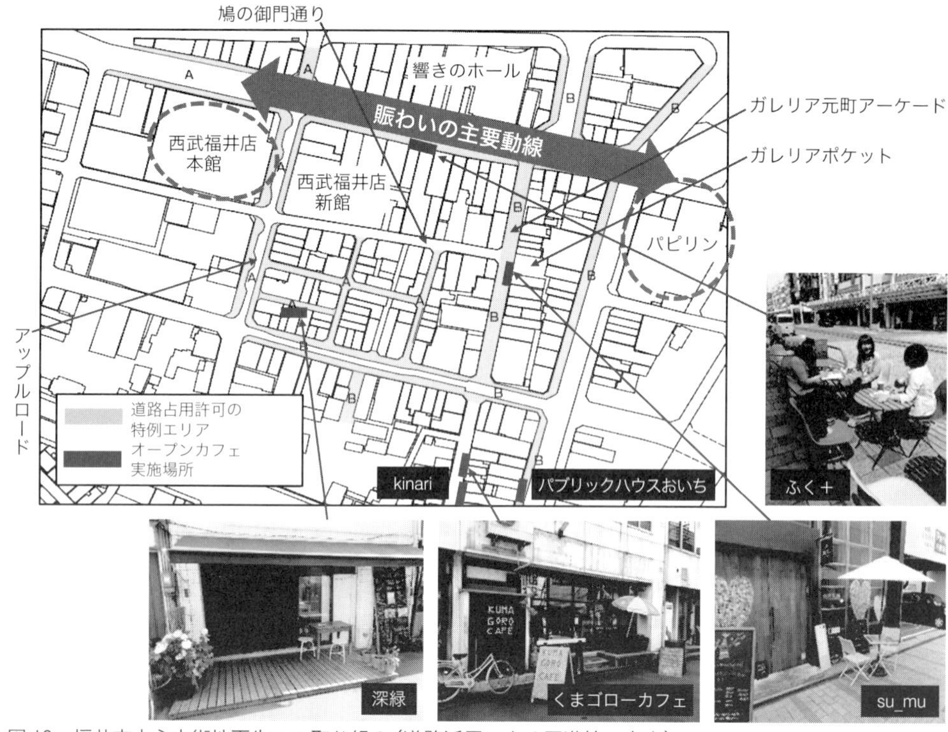

図13　福井市中心市街地再生への取り組み（道路活用による回遊性の向上）（まちづくり福井株式会社資料より作成）

CHAPTER 5

公共空間等利活用のノウハウ

エリア内にある道路、公園、河川、港湾などの公共空間および公開空地などの公的空間（以下、公共空間と公的空間を合わせた場合は、公共空間等という）を活用して、エリアマネジメント団体（以下、エリマネ団体という）が、イベントやオープンカフェ、広告活動などを盛んに行うようになってきている。

しかし、道路等の公共空間では空間本来の目的以外の使用にあたるため、行政への占用・使用許可が必要である。予想以上に手続きに時間を要したり、催事内容の一部が許可されないこともある。このような事態を事前に回避するためエリマネ団体と行政が連携し協議会などを組織して、社会実験などを地道に行いながら、エリアの空間活用のルールを生みだす例が出てきている。

この章では、エリアの「公共空間等を利用する際の手続きと留意事項」を述べたうえで、「公共空間等を活用するための仕組み」を述べる。

5－1節「公共空間等を利用する際の手続きと留意事項」では、公共空間等を利用する際の制度上の手続きと手数料等について、利用する空間・場所によるものと、催事内容によるものとに大きく2つに分けて、まず概観する。

次に、道路空間活用を中心に公共空間を活用する際の7つの留意事項を事例を踏まえながら述べる。

南池袋公園：IKEBUKURO LIVING LOOP 2017

具体的には、「地域活動内容の決定」「地域活動の実施組織」「地域活動に必要な許可」「実施期間」「収益活動を含む地域活動の場合の実施配慮」「広告料収入の活用」「その他の留意事項」について述べる。

最後に、エリマネ団体が実際にどのような点で苦労をし、活動をするうえで何が制度上問題であるかを、各団体へのヒアリングをもとに明確にする。

公共空間等を上手に活用するための仕組みは発展途上にあり、各エリアのエリマネ団体が、社会実験等を通じて仕組みの構築等に向けた取り組みを行っているのが現状である。今後の公共空間等活用の拡大のためには、行政等の手続きを含む公民連携体制が重要である。

そこで5－2節「公共空間等を活用するための仕組み」では、公的空間（公開空地）を活用するための行政の対応事例として「東京のしゃれた街並み推進条例」を紹介し、次に公共空間を活用するための占用許可の特例制度などの規制緩和の変遷を概観したうえで、社会実験とエリアマネジメント活動（以下、エリマネ活動という）を市民とエリマネ団体と行政の立場から考察し、今後の公民連携体制のあり方を検討する。

5-1 公共空間等を利用する際の手続きと留意事項

丸の内仲通り アーバンテラス

この節では公共空間等を利用する際に、制度上の手続きと手数料等について、利用する空間・場所によるものと、催事内容によるものとに分けて概観する。次に、道路空間の利用を中心に公共空間を利用する際の7つの留意事項を述べる。最後に、エリマネ団体が実際どのような点に労を要し、活動をするうえで何が、制度上の課題であるかを各団体へのヒアリングをもとに明確にする。

公共空間等を利用する際の手続きと利用料

エリア内にあるさまざまな空間をエリマネ団体が使うときの手続きと、その利用料等にどのようなものがあるかを示す。大まかに言うと、手続きには、道路、公園、河川、港湾等の利用する空間・場所（公物管理）の関係官庁へ許可申請を行うものと、消防の届出、飲食関係や屋外広告関係、集会の届け出など、催事内容の必要に応じて届け出たり、許可を申請するものがある。

●公物管理等の許可申請

1. 道路

道路（道路法上の道路で、交通広場、ペデストリアンデッキ、アーケード街、地下道なども含むことがある）を活用したエリマネ活動を行うには、道路管理者の道路占用許可と、交通管理者である警察の道路使用許可が必要である。

道路占用許可と道路占用料

道路上に物件を設置し、継続して道路を使用する場合には、道路法に基づき、道路管理者の道路占用許可が必要になる。許可を受けた場合、占用料が発生する。道路（国道、都道府県道、市区町村道など）により、金額が決まっている。

道路使用許可と申請手数料

道路を使用する場合には、道路交通法に基づき、交通管理者である所轄警察署長の許可が必要になる。申請時に手数料がかかる。

道路予定地の占用許可

なお道路予定地についても、道路法によって、準用された道路の占用の許可規定に基づく道路占用許可が必要で、許可された場合は道路と同じように占用料が発生する。

2. 公園　都市公園の占用の許可と都市公園占用料

都市公園法により公園管理者以外が施設の設置やイベントの開催を行う場合、公園管理者の許可を得なければならない。占用許可を受けた場合、占用料が発

表1　公共空間等を利用する際の手続きと利用料等

公物管理等の許可申請

対象物	許可			占用料・申請手数料		
	管理者	許可	法根拠	利用料等	対象物	法的根拠
道路	道路管理者	道路占用許可	道路法第32条	道路占用料		
国道　新設、改築、指定区間	国				国道	道路施行令別表
上記以外の国道で政令指定都市にないもの	都道府県				都道府県道	道路占用料等徴収条例
政令指定都市以外にある都道府県道	都道府県					
政令指定都市にある指定区間外の国道、都道府県道	政令市					
市区町村道	市区町村				市区町村道	道路占用料等徴収条例
道路予定地	道路に準じる	道路占用許可	道路法第91条第2項	道路に準じる	道路に準じる	道路に準じる
道路	交通管理者 所轄警察署長	道路使用許可	道路交通法第77条	申請手数料	道路	道路交通法第78条第6項
公園（都市公園）	公園管理者	占用許可	都市公園法第6条、第7条	占用料	設置者	
設置者　国	国土交通大臣				国	都市公園法施行令第20条
設置者　地方自治体（都道府県、市区町村）	地方自治体				地方自治体	地方自治体の公園条例
河川	河川管理者	流水及び河川区域内の土地の占用許可	河川法第23条、第24条	流水占用料 土地占用料	河川	河川法第32条第1項、 都道府県の河川流水占用料等徴収条例
一級河川	国道交通大臣					
国土交通大臣が指定する区間の一級河川	都道府県知事					
二級河川	都都道府県知事、もしくは政令指定市の長					
港湾	港湾管理者	港湾区域内水域等の占用許可	港湾法第37条第1項第1号	占用料	港湾区域内水域等	港湾法第37条第4項 地方自治体が定める港湾区域および港湾隣接地域占用料等徴収条例
港湾区域内の水域または公共空地 （以下港湾区域内水域等という）	港湾法第2章第1節の規定により設立された港務局又は第33条の規定による地方公共団体					
公開空地	特定行政庁	詳細は本文 p.134 参照				

生する。

3. 河川　流水および河川区域の土地の占用許可と占用料

河川法により、河川の流水を占用しようとする者、河川区域内の土地（河川管理者以外の者がその権限に基づき管理する土地を除く）を占用しようとする者、または工作物を新築・改築し、あるいは除却しようとする者は、河川管理者の許可を受けなければならない。

催事内容の必要に応じて申請する許可や届出

対象となる事象	許可・届出	申請、届出先	法根拠	申請料有無	摘要
食品営業 飲食の営業や食品等の販売を行う場合（食品衛生法施行令第35条に定める34業種と、都道府県等が条例で定める業種）	食品営業許可	都道府県知事又は保健所を設置する市長、区長へ保健所通じて申請	食品衛生法第52条	○	申請手数料は食品衛生法施行規則第14条第3項による。都道府県によっては、地域公共団体や住民団体が関与する公共的目的を有する住民祭や産業祭でのバザーなど、短期間で行われるものなどについては、通常の営業許可ではなく、管轄の保健所への臨時の出店に関する届出（食品取扱届）や申請のうえ、保健所の指導を受けることなどとしている地域もあるので、詳細については、管轄保健所へ問い合わせが必要である
催物開催 劇場以外の建築物その他の工作物において、演劇、映画その他の催物の開催を行う場合は、催事を行う3日前までに届出が必要である	催物開催の届出	所轄消防署	地方自治体の火災予防条例	×	催事開催、露店等開設の3日前までに提出
露店等の開設 お祭りや展示会など多数の人が集まる屋外での催しに、火気を使用する器具等を使用する露店等の開設をするとき	露店等の開設の届出				
屋外広告物 催事主催者が、屋外広告物を催事とあわせて出す場合	屋外広告物許可	都道府県の屋外広告物条例による申請窓口	屋外広告物法第4条都道府県の屋外広告物条例、屋外広告物条例規則	○	市区町村長が許可する広告については市区町村で手数料を定めていることがあるので、市区町村の屋外広告担当窓口に確認する必要がある
集会やイベント 公共の場で集会を開催する場合	集会届	所轄警察署を通じて公安委員会	都道府県の公安条例	×	集会やイベントを開催する72時間前まで（東京都）

都道府県知事は、当該都道府県の区域内に存する河川について許可を受けたものから流水占用料、土地占用料を徴収できる。金額は都道府県の河川流水占用料等徴収条例などにより決められている。

4. 港湾　港湾区域内水域等の占用許可と占用料

港湾法により、港湾区域内の水域（政令で定めるその上空および水底の区域を含む）または公共空地（以下港湾区域内水域等という）を占用しようとする者は、港湾管理者の許可を受けなければならない。また、港湾等区域内水域等の占用の許可を得たものは、占用料が発生する。占用料の金額は地方自治体が定める港湾区域および港湾隣接地域占用料等徴収条例などにより決められている。

5. 公開空地

公開空地とは、不特定多数の人が日常利用できる民有の空き地をいい、アトリウムも含まれる。建築基準法に基づく総合設計制度により創り出されるものが代表的である。この点で前述した①〜④の公物管理とは違いがある。

建築基準法上、公開空地を設け特定行政庁の許可を得ることで容積率や高さ制限の緩和を受けることができる。このため公開空地においては、建物を建築できず一部の者による長期にわたる常設的な占用はできない。しかし、市街地の活性化策としてイベントや祭りの開催時等に一時的に占用し物販等を行うかたちで活用することができる場合がある。公開空地の占用に係わる手続方法等は、特定行政庁により異なる。たとえば東京都では、東京都総合設計許可要綱、東京都総合設計許可要綱実施細目を設けて、一時占用申請書により知事にその旨を届け出て基準に適合している確認を受けなければならない（東京都ではその他に「東京のしゃれた街並みづくり推進条例」があり、規制を緩和している（p.156 〜 157 参照））。このような要綱を設けていない特定行政庁もあり、その場合は個別の相談となる。

なお特定行政庁とは、建築主事（建築基準法に基づく建築確認をする行政官）を置く市区町村区域では当該市区町村長、その他の区域では都道府県知事を言う。

●催事内容の必要に応じて申請する届出や許可

1. 食品営業許可と申請手数料

飲食店や喫茶店などの営業を行う場合や乳類や魚介類などの販売を行う場合

には、食品衛生法によりその営業所所在地を管轄する都道府県知事、もしくは保健所を設置する市の市長または特別区の区長の許可（以下、食品営業許可という）が必要になる。

許可が必要な業種は、食品衛生法施行令による飲食店営業、喫茶店営業、乳類販売業、食肉販売業、魚介類販売業など34業種および都道府県等が条例で定める業種となっている。また、食品衛生法施行令により許可を得るには営業所所在地を管轄する保健所を通じて都道府県知事などへ申請する必要がある。申請の際、申請手数料がかかる。

縁日や祭礼などの際に、簡易な施設を設け、不特定多数の人々を対象として食品を提供する場合も、原則として食品営業許可が必要となる。

しかし都道府県によっては、地域公共団体や住民団体が関与する公共的目的を有する住民祭や産業祭でのバザーなど、短期間で行われるものなどについては通常の営業許可ではなく、管轄の保健所への臨時の出店に関する届出（食品取扱届）や申請のうえ、保健所の指導を受けることなどとしている地域もあるので、詳細については管轄保健所へ問い合わせが必要である。

2. 消防署への届出

地方自治体の火災予防条例により、催事を開催したり、露店を開設する3日前までに消防署に次の届出が必要である。

催物開催の届出

劇場以外の建築物その他の工作物において、演劇、映画その他の催物の開催を行う場合は、催事を行う3日前までに届出が必要である。

露店等の開設の届出

お祭りや展示会など多数の人が集まる屋外での催しに、火気を使用する器具等を使用する露店等の開設をするときは、露店を開設する3日前までに消防署に届出が必要である。

3. 屋外広告物許可と申請手数料

屋外広告物法により、催事主催者が屋外広告物を催事とあわせて出す場合、都道府県は、条例により良好な景観を形成し、もしくは風致を維持し、または公衆に対する危害を防止するために必要があると認めるときは、広告物の表示または掲出物件の設置について、都道府県知事の許可を義務づけたり、その他必要な制限をすることができる。

許可の申請窓口や許可権者は都道府県の屋外広告物条例により決まっている。許可権者に新規許可申請を行い（屋外広告条例）、広告物の許可を受けた場合、広告主は標識票の貼り付け状況を提出する必要がある（屋外広告物条例規則）。屋外広告物許可申請手数料と許可期間も条例により決まっている。ただし、市区町村長が許可する広告については市区町村で手数料を定めていることがあるので、市区町村の屋外広告担当窓口に確認する必要がある。

4. 集会届

街頭で集会を行う場合、各都道府県の公安条例に基づき警察によって規制さ

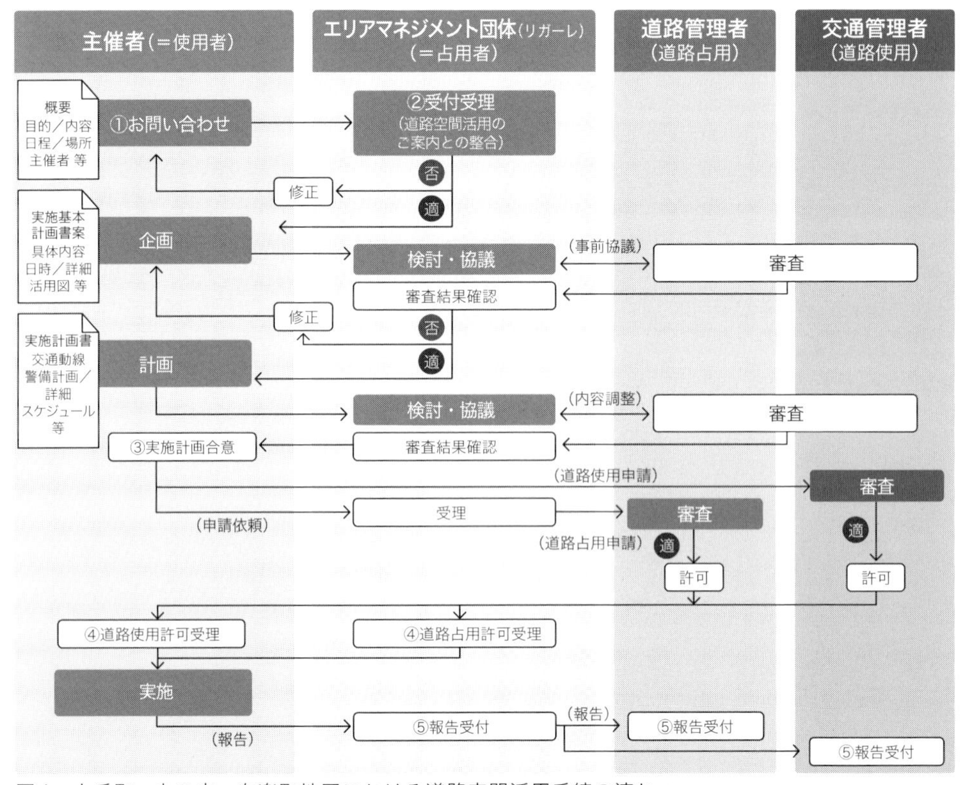

図1　大手町・丸の内・有楽町地区における道路空間活用手続の流れ（大手町・丸の内・有楽町地区まちづくり懇談会「大手町・丸の内・有楽町地区道路空間活用のご案内」より作成）

れることがある。たとえば東京都の場合、催事主催者は道路以外でイベントを開催する際は、所轄警察に72時間前までに集会届を出す必要がある。道路は、p.131 1. 道路を参照。

●エリマネ団体をとおしてエリア内の空間を他団体が利用する事例
—大丸有地区（図1参照）

エリマネ団体がエリア内に保有・管理している空間を、他団体が主催する催事に利用してもらう場合は、主催者とエリマネ団体の協議・調整のほか、前述したように道路管理者や交通管理者などとの協議・調整が必要となる。

たとえば、東京の大手町・丸の内・有楽町地区（以下、大丸有地区という）では、催事主催者がエリマネ団体であるNPO法人大丸有エリアマネジメント協会（以下、リガーレという）に申し込んで、丸の内仲通り（区道）でイベントを行う場合は次のようになる。

1. 許可申請・届出

リガーレと主催者の間でイベントの企画・実施内容を検討・協議を行う。合意した実施計画について、リガーレ（道路占用者）は道路管理者（千代田区）に道路占用許可の申請を、主催者（道路使用者）は交通管理者（警察署）に道路使用許可の申請を行い、これらの許可を得て実施する。また催事の開催届出を消防署に提出する必要がある。

この他に催事の必要に応じて、飲食などの屋台を出す場合、食品営業許可または食品取扱届を提出したり、広告などをあわせて行う場合、屋外広告物許可の申請を行う必要がある。

また、丸の内仲通りに面した周辺地権者や、ビル管理関係者に対して、それらの民地内で作業などをする場合、承諾を得ることが必要になる。

催事終了後、催事主催者は、リガーレに対し実施報告書を提出しなければならない。

2. まちづくり協力金と道路占用料等

催事主催者は、エリマネ団体としてリガーレが継続的な活動を行うため、まちづくり協力金（コーディネート料を含む）と、道路占用者のリガーレが丸の内仲通りの道路管理者である千代田区に納入する道路占用料に相当する費用をあわせてリガーレに納付する必要がある。

まちづくり協力金は、丸の内仲通りで毎日行われているオープンカフェ（丸の内アーバンテラス）の運営や清掃など、場の維持管理に使われている。

3. 第三者広告を掲出する場合の費用

催事に係わる第三者広告（催事設置物にスポンサー企業ロゴ等を入れる場合等）を掲出する場合、別途エリアマネジメント広告審査料（リガーレに納付）、屋外広告物許可手数料（千代田区に納付）が発生する。

公共空間を活用する際の 7 つの留意事項

●地域活動をエリア内の空間で行う際の基本的な考え方

ここでは、地域活動を行う際の留意事項の基本的な考え方を述べる。道路、河川、公園、港湾はいずれも公共の財産であり、国民の負担により整備され維持されてきたものである。同時にそれぞれに本来の目的がある。道路であれば通行、河川であれば利水や治水、公園であれば人々の憩いや遊びを楽しむこと、港湾であれば船舶が安全に停泊し人の乗降や荷役が行えることであり、地域活動による空間占用によって本来の目的を阻害してはならない。

これらの空間で地域活動を実施するには、1 つは、公共性や公益性を配慮すること、もう 1 つは、地域における合意形成を図ることが重要である。この 2 点に留意することは、地域活動の催事内容や実施組織などを工夫することにより、実現可能である。

●道路等を活用する際の 7 つの留意事項

公共空間の活用でもっとも頻度が高いと考えられる道路を中心に地域活動としての催事による活用の際の留意事項を考えてみる。

道路を活用した地域活動には、オープンカフェ、露店によるマーケットなどの収益を上げるものと、歩行者天国、祭礼、パレードなどの収益を上げないものがある。これらの活動は、組み合わされている場合もあり、その成り立ちの過程や規模、期間などはさまざまであり、地域のあり方によってきわめて多様である。

ここからは、国土交通省道路局「道を活用した地域活動の円滑化のためのガイドライン―改訂版―2016年3月」のp.4～8の「道を活用した地域活動の進め方」に沿って①～⑥の留意事項を、その他の留意事項として⑦を、ヒアリング等の調査で得られた事例を加えてまとめた。

❶地域活動内容の決定

効果的な地域活動を行うためには、エリアの特色や課題などを良く検討したうえで、どのような活動を行うかを決めることが大切である。

その際に活動の本来の目的だけではなく、エリア内や周辺を含めた配慮が必要となる。たとえば、エリアの賑わいを生みだすことに焦点を当てるだけではなく、地域活動による交通集中による混雑や渋滞の発生など予測される問題を最小限に食い止める配慮が求められる。また、エリア内で課題となっている、たとえば道路美化活動やシャッター商店街対策など、エリアの公益に繋がる活動をあわせて実施することにより、エリアの合意形成や活動とは無関係の通行者の理解が得やすくなる。丸の内では本来の目的以外に下記の点に留意している。

事例 丸の内仲通りにおける催事主催者に対する留意事項

運営上の管理責任

催事期間中における施設の管理、来場者の整理・案内、盗難、火災、事故防止、急病けが人発生時の対応等に関しては、主催者・運営者の責任において必要な対策を講じる。

来場者動線の確保

道路は、公共のものであり、常時開放している。催事実施中は、安全で快適な通行確保を徹底するように来場者の動線を確保する。

搬入・搬出

道路は、公共のものであるので、所轄警察署より指導を受ける場合がある。とくに搬出入は、事前に入念な検討・調整を行い、計画的かつ安全に十分配慮し、作業を実施する。

（資料：リガーレ「丸の内仲通り利用ガイド」2017.4Ver, p.1）

❷地域活動の実施組織　地方自治体の関与を明示

道路を活用した地域活動の実施組織は、公共性や公益性や地域の合意形成に配慮し、地方自治体（市区町村）や、地域の関係者からなる協議会、地方自治体の後援・指定を受ける団体など、何らかのかたちで地方自治体が係わっている団体であることがスムーズに地域活動を進める鍵になる。

地域活動を進める実行委員会、協議会などを構成するときに、商工会議所、商店街振興組合やNPOなどが中心となることは構わないが、構成員の中やオブザーバーとして地方自治体に参加してもらうことが望ましい。ただし、地方自治体が中心となって活動するということではない。「地域が一体となって活動に取り組む」という意思を実施組織の発足時点から打ち出すために、地方自治体の後援を受けたり、地方自治体が指定する都市再生推進法人になるなどの方法がある。

道路で地域活動を進めるには、道路管理者（国・都道府県・市区町村）や交通管理者（所轄警察署）との協議が重要なので、活動内容を適宜、適切に情報交換しながら進めていくことが大切である。こうしたうえでも地方自治体が実行委員会などに関与していることを明らかにしておくことは非常に重要である。

事例 竹芝エリアマネジメント

一般社団法人竹芝エリアマネジメントの場合、道路ではなく、港湾施設内で地域活動を行っているので、港湾管理者である東京都港湾局との協議が必要である。竹芝エリアマネジメントによると、「竹芝桟橋で、地域活動をする際には、東京都や港区がその催事や社会実験の後援をしていることが、港湾管理者と協議をするうえでの大前提である」としていた。

前例があまりないなかで、双方とも手探り状態で事前協議を行っているので、地方自治体の後援は欠かせない。道路であっても、河川、公園であっても状況はそう変わるものではない。

❸地域活動に必要な許可

1. 申請、届出と事前協議

道路を活用した地域活動を実施する際には、前述（p.131）したとおり道路占用許可、道路使用許可が必要である。また地域活動の内容によっては、食品営業許可、屋外広告物許可、消防署への届出等が必要である（p.134 ～ 137）。

消防への届け出などは、催事開催の 3 日前までに行えばよいが、その他の許可手続きには、関係機関との事前調整が必要となるので、活動内容の検討段階は十分に時間をとって、意思疎通を図らなければならない。

ただし、事前協議はそれぞれの関係機関と

①道路の本来の目的を阻害していないか

②阻害したとしてもそれを最小限に留める措置を行っているか

③地域の特色を引き出した公益性を持っているか

④地域の課題を解決するような仕掛けを催事のなかに取り入れているか

等、公共性や公益性への配慮や地域における合意形成が図られているかどうかが協議の焦点となる。

2. 同じ地域内でも道路占用許可の基準は違う（p.142 ～ 143 参照）

大丸有地区のリガーレによれば、行幸通りと丸の内仲通りでは、催事内容による許可の基準が違っているとのことであった。

リガーレが窓口になっている行幸通りの活用の範囲は、東京駅から皇居に向かう日比谷通りまでの幅員 20 m、長さ 200 m である。都道であるので道路管理者は、東京都で窓口は第一建設事務局管理課になる。許可の催事内容の基準は、世界に向けた東京の情報発信の催事、東京の中心をとしての存在を表す催事、オリンピック・パラリンピック関連の催事などである。

一方、丸の内仲通りの活用範囲は、北端は、丸ビル・三菱商事ビル・郵船ビルの街区から、南端は、新国際ビル・国際ビル前までの 5 ブロックにわたる区間である。1 ブロックあたり幅員 7 m、長さ 100 m になる。区道であるので道路管理者は、千代田区で窓口は環境まちづくり総務課占用係になる。ここでは、賑わい創出、サードプレイスなどコミュニティの創出、憩いの場などの催事を推奨している。

大丸有地区道路空間における催事基本方針

リガーレは、許可基準などを考慮して、大丸有地区における催事基本方針を催事主催者に伝えている。

①世界に向けた情報発信　行幸通り（地上）

日本を象徴する場所として、世界に向けて日本の顔を演出し、文化・テクノロジーを発信する催事、国内外の先端性、時代性、芸術性に優れた催事。

②日本・東京の中心としての存在　行幸通り（地上・地下）、丸の内仲通り

首都東京の顔として、日本や東京の経済活動、社会支援、環境啓発、文化交流を促進する催事。

③大丸有地区内外の活動等の促進　5つすべての通り

大丸有地区内外企業の社会支援や経済活動、地区内外で展開されるビジネス活動の支援、就業者間交流･周辺地区との交流促進、都市観光等の促進に資する催事。

④就業者・来街者への憩いの場を提供　行幸通り地上を除く4つの通り

就業者・来街者に向けた利便性やアメニティー向上を図る催事。

5つの道路空間に連動して活用可能なパブリックスペースとして、「丸ビルマルキューブ」「丸の内オアゾ　○○広場」「東京ビル　TOKIA ガレリア」「JP タワー商業施設　KITTE アトリウム」「東京国際フォーラム地上広場」「大手町仲通り」などがある。

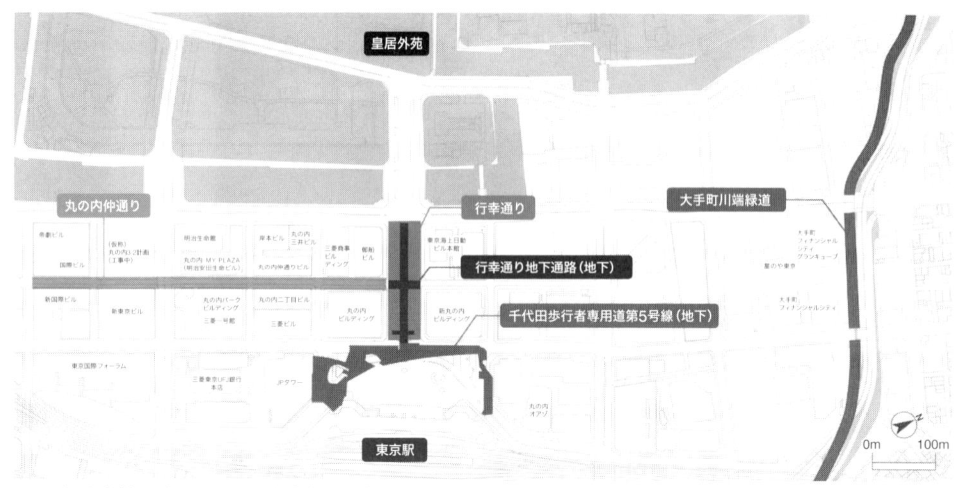

▲国家戦略特区法における道路占用の特例認定を受けた道路（出典：リガーレ「丸の内仲通り利用ガイド」2017.4Ver. p.3）

行幸通り（地上）

行幸通り（地下）

丸の内仲通り

千代田歩行者専用道第５号線（地下）

大手町川端緑道

◀▲５つの道路の様子

❹実施期間

道路を活用した地域活動の実施期間については、一時的なものもあれば、継続的・反復的なものもある。

地域の賑わいを創出するのであれば、継続的・反復的なもののほうが効果的である。一方、このような活動は予算や実施体制などの点で制約もあり、継続的な実施が困難な場合が多いと推測できる。当初は比較的短い期間で実施し、その結果からフィードバックしながら適切に交通をスムーズにするように対策をとりながら、段階を踏みながら活動を進めるべきである。

事例 竹芝エリアマネジメント「竹芝夏ふぇす」

「竹芝夏ふぇす」は、伊豆諸島定期船や、納涼船の利用者で賑わうなか、2015年には1千人、2016年には3千人、2017年には5千人と実績を上げている。

関係機関の支援や協力を得て事故なく実施し、竹芝地域の資源である埠頭の活用により賑わいを促進して、伊豆諸島などの島嶼振興、竹芝エリアの魅力の向上に寄与している。集客規模により港湾施設利用の対応が異なってくるので段階的に行って実績を伸ばしてきた好例である。

❺収益活動を含む地域活動の場合の実施配慮

地域活動に収益活動が含まれる場合、催事主催者が行うこともあるが、設備やノウハウを持った事業者に委ねることもできる。

沿道や地域の店舗の協力や参加を得て収益活動を行う方法と、参加者を公募により選定する方法などが考えられる。いずれにせよ特定の者に利益が偏ることがないようにして、実施組織のなかでの合意をとるとともに沿道や地域の店舗との事前調整が必要となる。

催事主催者以外の者が収益活動を行う場合は、運営経費などから算出された利用料や道路占用料の相当額などを徴収して、地域活動の持続性を高めることも必要である。

❻広告料収入の活用

地域活動を行っているエリマネ団体にとって、地域活動の財源を確保することは必須の課題である。継続的に活動を行いエリアの賑わいを創出するためには、安定した財源を確保することが大切である。財源確保の方法として道路上に広告物を設置して、広告料収入を地域活動の費用に充てる方法がある。

ただし、道路は公共の財産であること、道路上の広告物を設置することにより通行の安全に支障を来たす場合があること、良好な道路景観を悪化する場合があることに留意する必要がある。路上広告物の設置にあたっては、広告の設置場所や形状、内容等の審査方法や、広告料収入がどのように使われるか等について、道路利用者の理解が得られることが必要である。道路管理者や地方自治体などからなる協議会を設置して、道路上に広告物を設置するルールを定めることが効果的である。

事例 丸の内仲通りにおける催事展開の留意事項

リガーレは、「丸の内仲通り利用ガイド」のなかで、催事主催者に対し、次のような留意事項を喚起している。

主催者に対する注意事項

・道路上への設置物に対しては、24時間保守管理・巡回警備が必要である。
・各設置物等に対して、一定の風速に耐えるための基準がある。
・街灯等の既存の道路設置物の使用は想定していない。
・周辺歩道上に、工事のための仮囲いがある。
・工事中の箇所があるため、植栽の一部がない。
・工事部分は、歩車道の段差がない。
・比較的風が強い街区であるため、ビル風対策を想定する。

主催者の周辺ビルや店舗に対する留意事項

・催事来場者と周辺店舗来場者との相反に留意する（同様な商品展開はしない）。
・周辺ビルのオフィス・エントランス前の催事施設の展開に留意する。
・周辺ビルにオープンカフェがあるため、客席前での作業・設置物・臭いの強い催事は留意（営業時間　朝～深夜まで）する。
・土日祝日は、路面飲食店にて貸切ウェディングパーティが開催される頻度が高いため、店舗来場者動線に留意する。

一概に、収益活動を含む地域活動に対するものだけではないが、通行の阻害や事故の恐れを事前に回避すること、周辺ビルや店舗に対する留意事項が明記されている。

大丸有地区エリア広告事業

この事業は、「現行規定では掲出禁止となる屋外広告物についての規制緩和」「広告事業による地域活性化、およびまちづくり財源の確保の推進」等を目的とし、地域のまちづくりに係わる公民連携のもとで実現される。

東京都屋外広告物条例の屋外広告物禁止区域における特例として扱われ、千代田区景観まちづくり条例をはじめとする諸手続きを踏まえて実施するもので、大丸有地区におけるエリマネ活動の一環である。

事業主体はリガーレが担い、地域催事告知や商用広告等の掲出にあたり、地域広告審査会において、大手町・丸の内・有楽町地区まちづくり懇談会で定めた景観ルールに基づく審査を実施する。また、広告出稿料は地域・まちづくり活動支援に充当される。将来は、まち並み形成要素および、まちづくり財源としての屋外広告事業の安定的実施を目指す。

事業概要

主　催：リガーレ

実施エリア：丸の内エリアおよびその周辺（大丸有地区）、下地図参照

掲出媒体：街路灯柱フラッグ、街区案内サイン内ポスター、工事仮囲い等

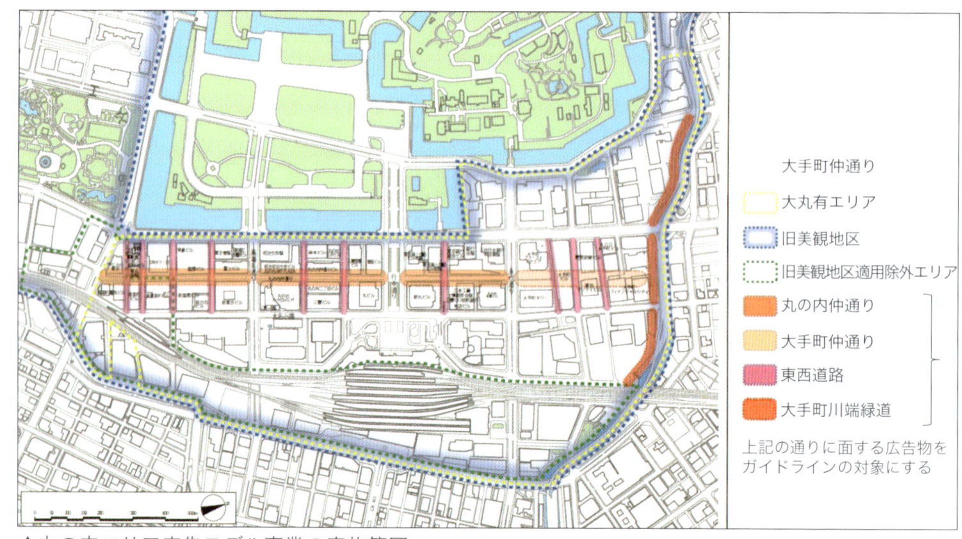

▲丸の内エリア広告モデル事業の実施範囲（提供：リガーレ）

▲広告掲出の事例：三菱一号館美術館「ロートレック展」(提供：リガーレ)

❼その他の留意事項

1. 天候悪化による催事の中止

台風（および低気圧）の確実な接近、直撃、大雨注意報、大雨警報、強風・暴風警報、雷警報などが発生した場合、主催者の判断により開催を中止、中断を行う必要がある。

こういった場合に備えて、主催者は判断基準をあらかじめ決めておき、協議・対応を行う必要がある。また、連絡網なども事前に決めておく必要がある。

事例 大丸有地区の「強風」「雨天」判断基準

大丸有地区における「強風」「雨天」判断基準は次のとおりである。

表2　大丸有地区における「強風」、「雨天」時の判断基準

強風時の判断基準

風速	対応
～ 10m/s	通常業務
10 ～ 15m/s	催事一時中断を検討
15 ～ 20m/s	催事一時中断
20m/s ～	催事中止

雨天時の判断基準

降雨量・注意報 / 警報	対応
～ 10mm/h　なし	中断 / 中止を検討
11 ～ 19mm/h　なし	中断→中止検討
20 ～ 39mm/h　大雨注意報	中断 / 中止
40mm/h ～　大雨警報	中断 / 中止

（出典：リガーレ「丸の内仲通り利用ガイド」2017.4Ver）

2. 連絡網と緊急対応

大丸有地区で、リガーレをとおして催事を行う主催者は、リガーレにも中止の連絡をとる。

また大丸有地区では、催事開催中に、不測の事態の発生により千代田区、警察署などの行政側からの要請があって、中止せざるを得ない場合もある。その場合は、行政（千代田区など）からリガーレに連絡があり、リガーレから催事主催者（現場管理者）に連絡が行くようになっている。

事例 大丸有地区の地震・火災等の発生時の緊急対応

地震・火災などの緊急時が発生した場合は、催事スタッフは、慌てずに運営責任者・管理責任者の指示に従い、来場者の安全を確保する誘導を行う必要がある。以下に大丸有地区の事例を挙げる。

・業務を始動する前に、避難経路を催事の各スタッフは確認を行う。
・緊急時は、運営責任者などの指示に従い、スタッフは落ち着いて行動する。
・来場者に対して「落ち着いた対応」で、「的確なアナウンス」を行う。

たとえば、「道路から屋内の安全な場所に移動してください」
「道路への飛び出しは危険です」など。

また、催事の運営責任者は、所轄の消防署や警察署などに通報し、各種情報を収集できるようにし、落ち着いて的確な判断を下す必要がある。

（出典：リガーレ「丸の内仲通り利用ガイド」2017.4Ver）

事例 大丸有地区のテロ対策

オリンピック・パラリンピックの開催を控え、世界中から東京や日本に対する注目を集める状況にある。テロ行為を行う集団が、この時期ターゲットとして日本の都市に狙いを定める恐れがある。

催事運営責任者や催事スタッフは、緊急事態を想定して、業務を遂行する必要がある。以下に大丸有地区の事例を挙げる。

・会場内および周辺での不審物、不審者の有無の確認を行う。
・電話、送付物、催事に関わるWEB、SNSの書き込みをチェックする。
・不審なことがあれば、運営責任者などに連絡し、確認指示を仰ぐ。
・業務開始前に、避難経路などの確認を行う。
・緊急時は、運営責任者などの指示に従い、スタッフは落ち着いて行動する。
・来場者に対して「落ち着いた対応」で、「的確なアナウンス」を行う。

（出典：リガーレ「丸の内仲通り利用ガイド」2017.4Ver）

以上が、現行法のもとでの公共空間を活用する際の7つの留意事項である。

大丸有地区における道路空間の活用

2015年7月31日から2017年3月31日までの社会実験（大手町・丸の内・有楽町地区公的空間活用モデル事業）をへて、2017年4月より、大丸有地区における道路空間の活用が本格稼働することとなった。

リガーレは、経常的な取り組みとしてエリア内の道路空間（行幸通り（都道）、丸の内仲通り（区道）、行幸通り地下通路、大手町川端緑道（区道）、千代田区歩行者専用道第5号線）の活用を進めている。これらの道路空間は、国家戦略道路占用事業による道路法の特例を活用し、リガーレが中心となり、公共性・公益性を踏まえた積極的な活用を図ることでまちの賑わいを創出している。

リガーレは道路占用者として、道路管理者に道路占用料を納付し、主催者は、道路占用料に相当する費用をリガーレに納付する。リガーレは主催者から徴収するまちづくり協力金（コーディネート料含む）をもとに、丸の内仲通りで行われているアーバンテラスなどの継続的な活動を行い、地区の運営管理を図っている。

▲丸の内仲通り　アーバンテラス（提供：リガーレ）

公共空間等を利用する際の手続きの課題

1. 公共空間等を利用する際に警察協議がもっとも時間がかかる

全国エリアマネジメントネットワークでは、30 の会員団体に対して 2016 年 12 月に「エリマネ活動を進めるうえでの課題」というテーマでアンケート調査を行った。質問項目のなかに公共空間等を使って行う活動に関連して、必要となる手続き（複数選択）と、そのなかでもっとも時間を要する手続きを 1 つ選んでもらった結果が図 2 である。これをみると必要な手続きとして、多い順に行政協議、警察協議、地元協議になっている。そのなかでもっとも時間を要する手続きは警察協議が半分以上を占める結果になった。

2. 公共空間等を使用する際に使用制限があることが制度上の第 1 の課題

また、エリマネ活動を行う際の制度上の課題を挙げてもらった結果が次ページの図 3 である。「とても課題である」と「やや課題である」の合計で見ると、第 1 位は「公共空間等を使用する際に使用制限があること」(84％)、第 2 位は「行

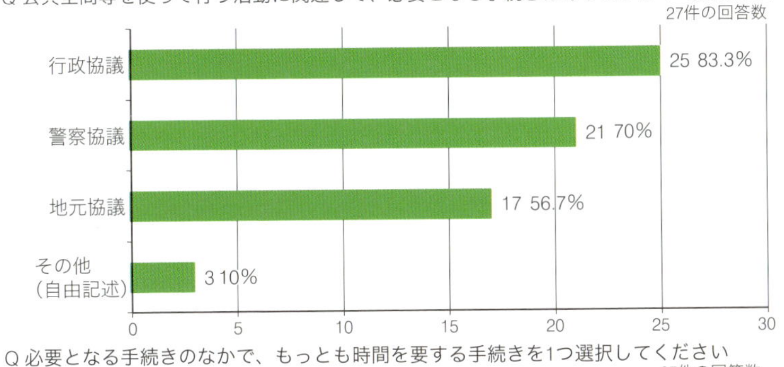

図2　公共空間等を使って行うイベントの際の必要な手続き（「全国エリアマネジメントネットワーク」会員アンケート調査結果（2016 年 12 月実施）より作成）

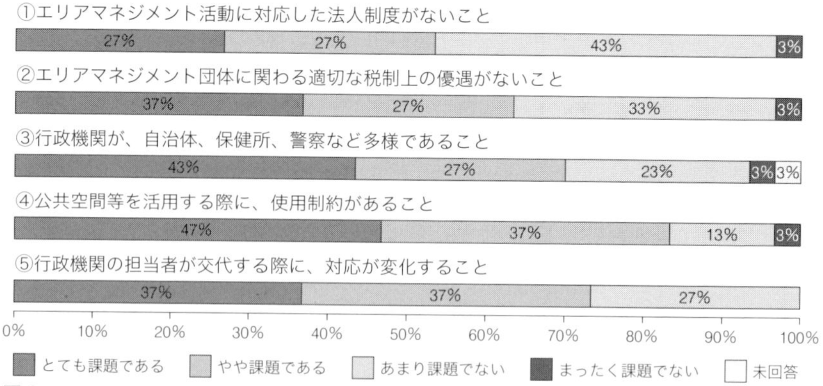

①エリアマネジメント活動に対応した法人制度がないこと
27% 27% 43% 3%
②エリアマネジメント団体に関わる適切な税制上の優遇がないこと
37% 27% 33% 3%
③行政機関が、自治体、保健所、警察など多様であること
43% 27% 23% 3% 3%
④公共空間等を活用する際に、使用制約があること
47% 37% 13% 3%
⑤行政機関の担当者が交代する際に、対応が変化すること
37% 37% 27%
0% 10% 20% 30% 40% 50% 60% 70% 80% 90% 100%
とても課題である　やや課題である　あまり課題でない　まったく課題でない　未回答

図 3　エリアマネジメント団体活動の制度に関する課題（図 2 と同じ）

政機関の担当者が交代する際に、対応が変化すること」（74%）、第 3 位が「行政機関が、自治体、保健所、警察など多様であること」（70%）であった。

3. 公共空間等の許可制度に係わる 3 つの課題

エリマネ団体は、公共空間等を活用する際、地元協議をするだけでなく、行政や、警察、保健所などさまざまな機関と協議・手続きをしなければならず、とくに警察協議に時間がとられることが多い。

また制度運用上、大きな 3 つの課題がある。

①許可が下りたとしても、活用には制約があること

②行政機関の担当者が変わった場合、対応が変わること

③行政機関の協議先が警察、行政、保健所など多岐にわたること

それらがエリマネ団体にとって、制度運用上の課題になっている。

表3　エリマネ団体の課題（各団体の自由記述）

・公共空間を活用した賑わいづくりを目指しているが、使用制約が多々あるため、 自由な活動ができない ・公的な空間利用にあたっては、行政機関とは複数の部署との調整に時間を要し、活動内容においても幅が狭まる場合もある ・関係行政機関が非常に多く、調整に人と時間が費やされる ・活動を実施するうえで、今後、国、県、市などと、協議や手続きを行うことが想定されるが、制度面に対する各行政間の認識や対応のズレなどに懸念がある ・活動エリアには大きな空地がなく、自主財源を得る取組み余地が少ない。新しい公益のあり方として一部道路空間（特に歩道）も柔軟に活用できることが望まれる。現状では、専ら会員企業所有ビルのセットバック空間（民地）を利用しているが、行政への事前協議や実施報告等ではより柔軟な運用を期待する ・公開空地の使用にあたっては原則的に営利活動が禁止されているため、賑わい創出が制限される ・公共空間活用について、行政の道路管理者や都市計画部門までは調整できても、警察協議に難航する。また、行政主導でエリアマネジメントを活性化しようとした際にも、警察の賛同が得られない ・道路空間を利用するイベントの実施の場合、イベント計画の提出、調査、審議にかなりの時間がかかり、加えて安全面の確保のための警備態勢の強化のために、イベントコストがかなりアップする状況である	・公開空地においても地域まちづくり要綱に沿った「特例措置」が適応されないため、運営費獲得には至らない状況である。とくにカフェやキッチンカー運営、広告収入確保などは長期的な展開が必要なため、一日も早い制度改革を望んでいる ・行政の窓口が複雑に分かれており、協議に時間を要することや、行政の担当者変更等により、これまで確保できていた状況が一転して禁じられてしまうことなどもある ・行政内部でも所管課以外の職員は「都市再生推進法人」としての制度について理解されていないことが多い。理解されつつある状態になったところで異動となり、リセットされてしまう。 また、道路空間や公園などの利用について、一般市民の障害になっているといった解釈もあり、行政内部での統一した見解ができていない ・行政機関の担当者が交代する際に、対応が変化すること：担当者が新規、またはその上司部下ともに変わった場合の現場レベルの細かい点、規約に関する詳細や、地権者との関係構築など、スピード、判断基準ともに大きく変わり、都度の説明を要するため、大きな課題になっている ・道路の活用にあたり、所轄の警察署の指導が、厳しすぎる。到底起こりえない可能性を指摘して許可を降ろさないこともあった

（図2と同じ）

5-2

公共空間等を活用するための仕組み

池袋グリーン大通り IKEBUKURO LIVING LOOP 2017

公共空間等を上手に活用するための仕組みは発展途上にあり、各地区のエリマネ団体が、社会実験等を通じて仕組みの構築等に向けた取り組みを行っているのが現状である。今後の公共空間等の活用推進の鍵は、行政等の手続きを含む公民連携体制にある。

この節では、公的空間（公開空地）を活用するための行政の対応や公共空間の規制緩和の変遷を紹介したうえで、社会実験とエリマネ活動を市民とエリマネ団体と行政の3つの立場から考察し、今後の公と民の連携体制のあり方を検討する。

公的空間を活用するための行政対応事例

民有地ではあるが公共空間と同様に一般に公開されているものに、公開空地がある（詳細は p.134 参照）。エリマネ団体が公開空地を上手に活用できる仕組みとして、東京都の「東京のしゃれた街並みづくり推進条例」や、福岡市の「福岡市地域まちづくり推進要綱」に基づく「地域まちづくり協議会登録制度」および「公開空地等活用計画の登録制度」「福岡市公開空地等を活用した賑わいづくり推進要綱」がある。以下に東京の事例を取り上げ、制度の内容を紹介する。

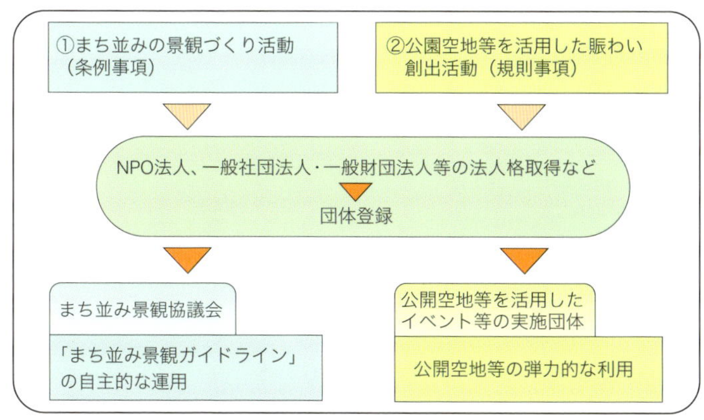

図4　まちづくり団体の登録制度の概念図（出典：東京都ホームページ）

●「東京のしゃれた街並みづくり推進条例」に基づく「まちづくり団体の登録制度」

東京都の「東京のしゃれた街並みづくり推進条例」は、地域の特性を活かし公開空地の魅力を高めるまちづくり活動を主体的に行う団体を登録し、その活動を促進することにより、民間の発意を引き出しながら地域の魅力を高めることを目的とした制度である。登録有効期間とメリット等は、次のとおりである。

A. 登録有効期間：3 年間（更新可能）

B. 登録の 3 つのメリット：

①無料の公益的イベントに加えて、次の活動のうち、内容等がまちの活性化に資すると認められるものは、一定の条件のもとで公開空地で行うことができる。

ア）有料の公益的イベント（コンサート、展覧会など）

イ）オープンカフェ（既存飲食店舗に面したスペースの確保など）

ウ）物品販売（屋台、フリーマーケット、物産市）

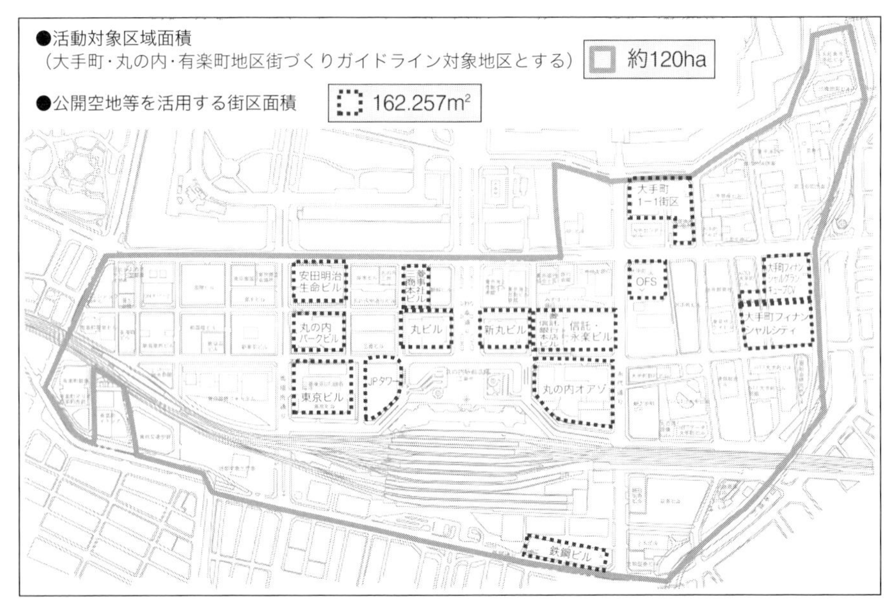

図 5　大丸有地区における公開空地を活用する街区（提供：リガーレ）

②有料の公益的イベントは年間180日まで活用可能。無料の公益的イベント、オープンカフェ等は活用日数の制限がない。（登録前は無料の公益的イベントのみ年間180日まで）

③ 登録期間中、イベントの事前申請等の手続きを一部省略できる。（登録前はつど申請）

C. 「まちづくり団体」登録数は延べ62団体（2018年3月末現在）

表4に「東京のしゃれた街並みづくり推進条例」による主なまちづくり団体を示す。また、リガーレが大丸有地区において「東京のしゃれた街並みづくり推進条例」により公開空地を活用する街区を図5に示す。

表4 東京のしゃれた街並みづくり推進条例における主な「まちづくり団体」

都市開発プロジェクト名	まちづくり団体名	場所
神保町三井ビルディング、錦町トラッドスクエア、テラススクエア	三井不動産㈱	千代田区 神田神保町一丁目他
大手町タワー	東京建物㈱	千代田区大手町一丁目
霞が関ビルディング、霞会館、東京倶楽部	三井不動産ビルマネジメント㈱	千代田区霞が関一丁目他
ワテラス、JR神田万世橋ビル	安田不動産㈱	千代田区神田淡路町二丁目他
御茶ノ水ソラシティ、新お茶の水ビルディング	大成建設㈱	千代田区神田駿河台四丁目
東京ガーデンテラス紀尾井町	㈱西武プロパティーズ	千代田区紀尾井町一丁目
秋葉原UDX、住友不動産秋葉原ビル、富士ソフト秋葉原ビル	秋葉原タウンマネジメント㈱	千代田区外神田四丁目他
丸ビル、丸の内オアゾ、東京ビル、新丸ビル、三菱商事ビル他	NPO大丸有エリアマネジメント協会	千代田区丸の内一丁目他
東京ミッドタウン日比谷、東宝日比谷ビル	三井不動産㈱	千代田区有楽町一丁目他
東京スクエアガーデン	東京建物㈱	中央区京橋三丁目
京橋エドグラン	日本土地建物㈱	中央区京橋二丁目
GINZA SIX	GINZA SIXリテールマネジメント㈱	中央区銀座六丁目
三井本館、日本橋三井タワー、三井二号館	三井不動産㈱	中央区日本橋室町二丁目
晴海アイランドトリトンスクエア	㈱晴海コーポレーション	中央区晴海一丁目
アークヒルズ	森ビル㈱	港区赤坂一丁目他
東京ミッドタウン	東京ミッドタウンマネジメント㈱	港区赤坂九丁目
汐留シオサイトA,B,C,I-2街区	(一社) 汐留シオサイト・タウンマネージメント	港区新橋二丁目
虎ノ門ヒルズ	森ビル㈱	港区虎ノ門一丁目
六本木ヒルズ	森ビル㈱	港区六本木六丁目
新宿センタービル	新宿センタービル管理㈱	新宿区西新宿一丁目
新宿住友ビル	住友不動産㈱	新宿区西新宿二丁目
京王プラザホテル、小田急センチュリービル、小田急第一生命ビル、新宿パークタワー	(一社) 新宿副都心エリア環境改善委員会	新宿区西新宿二丁目他
恵比寿ガーデンプレイスII街区	サッポロ不動産開発㈱	渋谷区恵比寿四丁目他
渋谷ヒカリエ、渋谷キャスト	東京急行電鉄㈱	渋谷区渋谷二丁目他
パークシティ大崎	三井不動産ビルマネジメント㈱	品川区北品川五丁目
天王洲セントラルタワー、天王洲郵船ビル、天王洲ファーストタワー、スフィアタワー天王洲	天王洲リテールマネジメント㈱	品川区東品川二丁目
二子玉川ライズ	東京急行電鉄㈱	世田谷区玉川一丁目他

（東京都都市整備局資料より作成）

秋葉原地区における公開空地等の活用

秋葉原周辺エリア（約 22 ha）の魅力・価値向上に向けて、清掃、防犯、エリア広告等の活動を行うため、秋葉原タウンマネジメント株式会社は設立された。同社は、「東京のしゃれた街並みづくり推進条例」に基づく「まちづくり団体」に登録され、秋葉原 UDX、住友不動産秋葉原ビル、富士ソフト秋葉原ビルの公開空地において、催事主催者が行うイベントのコーディネートを行っている。この際に、イベント収益の一定割合を利用手数料として主催者から徴収し、まちづくり費用に充当している。

秋葉原タウンマネジメント株式会社は千代田区の支援を受け官民が連携して立ち上げた会社（第 3 セクター）であることから、一部業務代行が比較的容易に行われ、千代田区との協定により、区道への広告、区有地へのコインロッカー・自販機・駐車場の設置が許可されている。また、道路占用料、広場使用料は免除され、警察に対する道路使用許可申請時の手数料のみを支払っている。

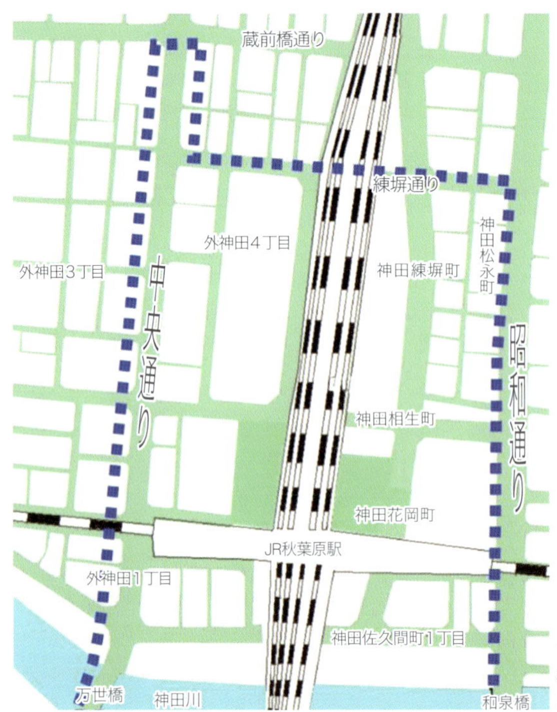

◀秋葉原タウンマネジメント株式会社の活動エリア
（出典：千代田区ホームページ）

▲秋葉原 UDX 公開空地を利用した夏祭り（提供： 秋葉原タウンマネジメント株式会社）

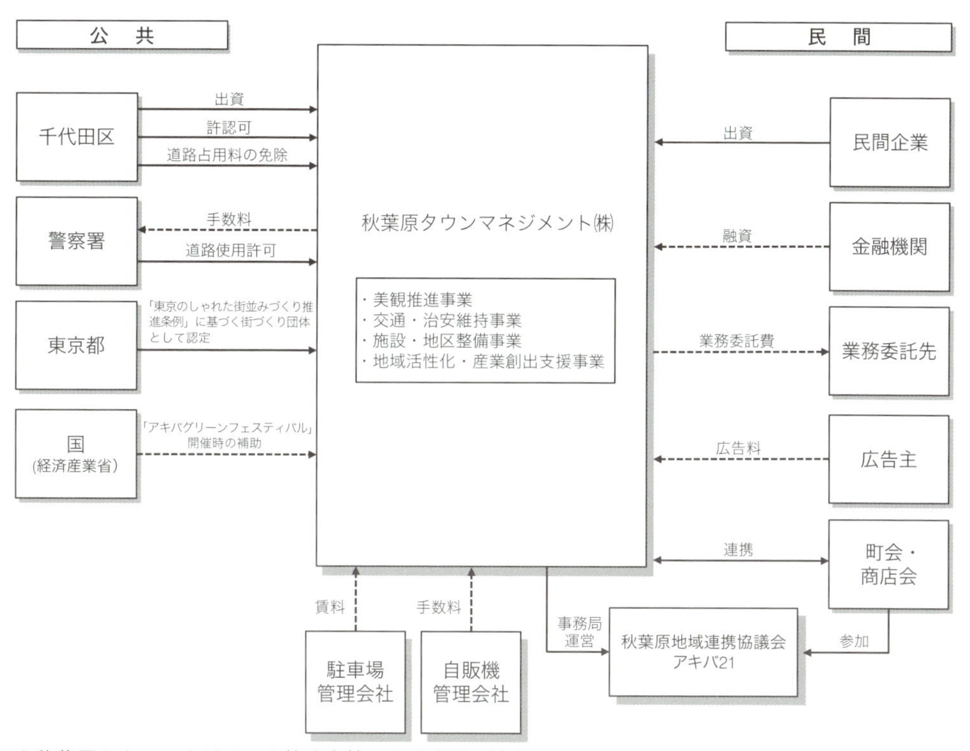

▲秋葉原タウンマネジメント株式会社による事業の流れ（提供：秋葉原タウンマネジメント株式会社）

公共空間を活用するための占用許可の特例制度

公共空間等を活用するための規制緩和は、表5のように公開空地を対象とした「東京のしゃれた街並みづくり推進条例」が最初で、とくに2011年以降、公共空間を活用する規制緩和が増えてきた。主なものは次のとおりである。

1. 都市再生特別措置法における道路占用許可の特例（2011年10月施行）

オープンカフェ、広告塔または看板、自転車の貸出施設等の占用時の無余地性（道路の敷地外に余地がなく、止むを得ない場合）の基準が緩和された。

2. 国家戦略特別区域における道路占用許可の特例（2014年4月施行）

国際性のある道路（例：都市を代表する目抜き通り、祝祭などで利用される通りなど）の活用の際に、車道の活用や、警察と連携した許可手続の簡素化・弾力化、道路管理者と交通管理者の窓口のどちらからでも申請を可能とすることになった。

3. 中心市街地活性化法における道路占用許可の特例（2014年7月施行）

オープンカフェ、露店（イベント時の一時的な露店も含む）等の設置に際して、道路占用に関する無余地性の基準を撤廃する特例を創設。

4. 河川敷地占用許可基準則による河川敷地占用許可の特例
（2011年4月、2016年6月施行）

2004年に許可準則の一部が改正され、民間事業者などによる営業活動が社会実験として実施可能になった。2011年4月には、特例措置の 一般化によって条件が緩和され、河川空間での事業の実施がより容易になった。さらに、2016年6月の改正で、期間が3年上限から10年へ緩和された。

5. 都市公園法による都市公園占用許可の特例（2016年、2017年施行）

都市公園においては公共性の高いものなど必要最小限の範囲で占用を認められてきたが、2016年の改正により、都市公園にサイクルポート、観光案内所が占用可能となった。

さらに2017年の改正により、民間提案による収益還元型の公園施設の事業運営が可能になった（Park - PFI 制度の創設）。

6. 道路協力団体制度の創設（国道の道路占用円滑化）（2016 年 4 月施行）

国道の清掃、花壇の整備や除草などを行う法人や団体を、道路管理者が道路協力団体として指定する制度が設けられた。道路協力団体の道路占用許可手続きを簡略化するものである。申請書類の提出を求めず、道路管理者との協議が成立すれば、承認または許可があったものとすることになった。収益活動であっても、収益を道路の維持管理に充てる場合には、協議が成立しやすくなった。

表 5　公共空間等活用の規制緩和の変遷

年	件名	対象	法・条例	規制緩和の内容
2003年	東京のしゃれた街並みづくり推進条例	公開空地	東京都条例制定	オープンカフェ、有料イベント
2004年	河川敷地占用許可準則の特例措置	河川敷地	河川法改正	オープンカフェ（モデル地域のみ）、協議会のみ
2005年	都市公園の占用物件の緩和（地方公共団体が都市公園ごとに条例で定める仮設の物件又は施設の追加）	都市公園	都市公園法施行令改正	カフェ、売店等の飲食物販施設
	路上イベントの通達、「道路を活用した地域活動の円滑化のためのガイドライン」	道路	道路法（通達のため法的効力は限定的）	路上イベント、オープンカフェ時の道路占用許可基準の明示
2008年	公的取り組みの広告の通達	道路	道路法（通達のため法的効力は限定的）	公共的取組の広告物の道路占用許可基準の明示
2011年	道路占用許可の特例	道路	都市再生特別措置法改正 道路法改正	オープンカフェ、広告等占用時の無余地性緩和
	河川敷地占用許可準則改正（特例措置一般化）	河川敷地	河川法改正	モデル地域緩和（全国普及）、民間公募可能に
	都市利便増進協定の制定（公共空間の整備・管理の役割費用分担）	—	都市再生特別措置法改正	公民一体区域に整備管理の費用負担協定の法的担保
	都市再生推進法人制度（2009 年創設、2011 年拡充）	—	都市再生特別措置法改正	まちづくり組織の公的位置づけ
2014年	国家戦略道路占用事業（道路空間のエリアマネジメントの緩和）	道路	国家戦略特別区域法制定	国際性ある道路活用（車道活用、警察協議緩和）
	中心市街地の道路占用許可の特例	道路	中心市街地活性化法改正	オープンカフェ等に対し道路占用許可の特例
2015年	都市公園の特例（都市公園の保育所等の解禁）	都市公園	国家戦略特別区域法改正	都市公園に保育所・社会福祉施設等の占用基準緩和
2016年	都市公園の占用基準緩和	都市公園	都市再生特別措置法改正都市公園法改正	公園にサイクルポート、観光案内所設置可能
	道路協力団体制度の創設（国道の道路占用円滑化）	道路	道路法改正	オープンカフェなど収益事業と合わせた公的活動にも拡大
	河川敷地占用許可準則改正 （特例期間の拡大）	河川敷地	河川法改正	特例措置の期間が3年から10年へ拡大
2017年	低未利用地土地利用促進協定	空地	都市再生特別措置法改正	空地、空店舗の有効
	都市公園法の改正（Park-PFI 制度の創設）	都市公園	都市公園法改正	活用民間提案による収益還元型の公園施設の事業運営制度創設

エリアマネジメント活動と社会実験

こうした規制緩和の流れを受けて、民間のまちづくり活動やエリマネ活動がしやすくなってきた。特例制度等が施行されることにより、対象の公共空間によって、指定管理可否等に微妙に違いはあるが、規制緩和された制度を活用してエリマネ活動を行っていこうという動きになっている。

同様に社会実験においても、この規制緩和の流れを受けている。社会実験自体は、2000年ぐらいから非常に活発に行われてきている。しかし道路空間に関しては社会実験というよりもイベントとして終わってしまうことが多かった。

ところが、2011年4月の都市再生特別措置法の改正以降、道路空間であっても常設化や日常的な利活用を目標とした社会実験が多くなってきている。公共空間等の利活用と社会実験に詳しい東京大学先端科学技術研究センター助教／ソトノバ編集長の泉山塁威氏は、「使えないパブリックスペースから、使って良いパブリックスペースの時代に変わった」と言う。

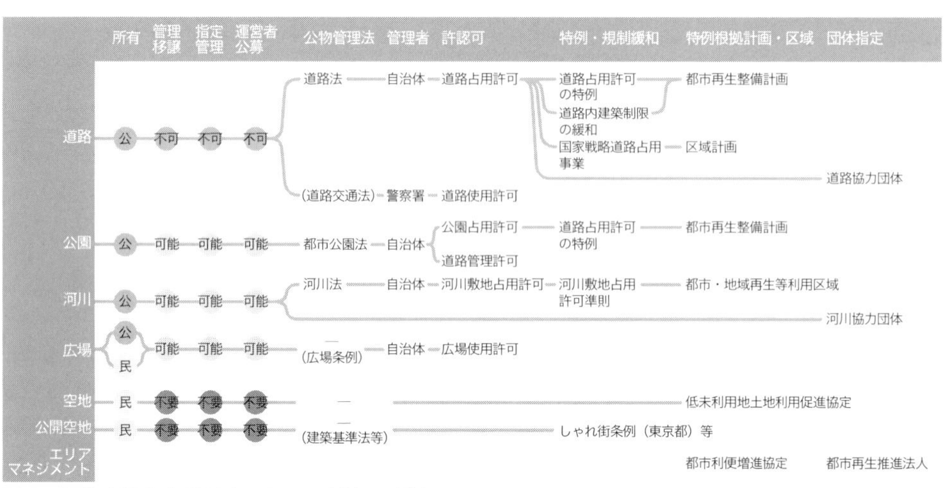

図6　公共空間等を利用するための制度の現状（出典：泉山塁威「一般財団法人森記念財団第6回都市ビジョン講演会資料」）

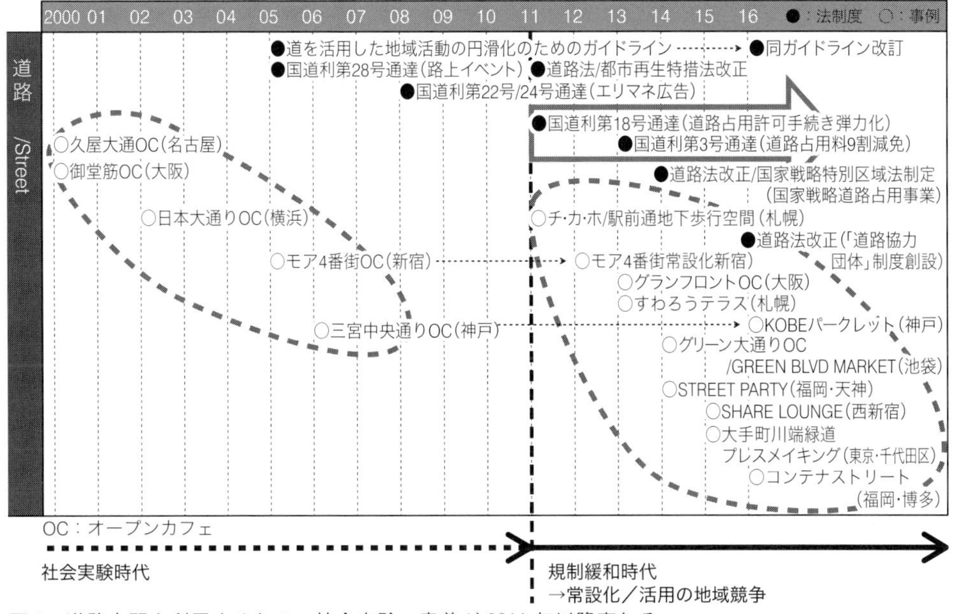

図7　道路空間を利用するための社会実験の意義が2011年以降変わる（出典：図6と同じ、一部変更）

●行政とエリマネ団体、利用者の立場から見た社会実験

1. 行政の立場から見た社会実験

社会実験は、行政が持つ道路、広場、公園、河川空間などを資源として提供し、公物管理の規制を緩和し、民間が公共空間を活用したときの問題の有無を実験的に試す場である。長い目で見たときには都市再生やまちの活性化を促進するという目的があり、税収増が期待できる。

このとき、行政が留意するのが、p.138で述べた公共性、公益性の議論であり、なぜ、そこでエリマネ団体等に社会実験を行わせるのかという議論である。

2. 民間・エリマネ団体の立場から見た社会実験

民間団体やエリマネ団体の側には、公共が用意した資源や公物管理の規制緩和を活用する社会実験をとおして、地域の再生を図り、地域価値を向上させようという思いがある。

民間・エリマネ団体は、社会実験を実施することによって、参加者と周辺の人々や来街者等が、お互いに納得できる関係を構築できるかということ、すなわち p.138 で述べた地域での合意形成が問題になる。

3. 利用者の立場から見た社会実験

行政や民間・エリマネ団体の他に、利用者の立場から公共空間等の使い勝手の良し悪しという空間のあり様をとらえることも、根本的に大切である。

たとえば、前述した泉山氏が編集長を務めるウェブマガジン「ソトノバ」は、「ソトを居場所に、イイバショに！」を合言葉に、ソトノバの未来を次のように描く。

> **居場所**　パブリックスペースを身近にし、人の居場所にする。
> **楽しい**　パブリックスペースを楽しく、面白くする。
> **アクティビティ**　パブリックスペースをアクションやアクティビティが溢れるものにする。
> （出典：「ソトノバ」ホームページ）

こうした利用者目線のアプローチは、行政や民間・エリマネ団体にとって忘れてはならない大切なことである。なぜなら、公共空間等の社会実験の評価の1つは、その公共空間等での利用者の行動（アクティビティ）を評価することに他ならないからである。

●公民連携の社会実験を行うことの意義

1. 池袋グリーン大通りのオープンカフェの社会実験

行政主導で、池袋のメインストリートでオープンカフェの社会実験が行われた。2014 年に豊島区が国家戦略特区（国家戦略道路占用事業）として道路占用特例の活用を考え、2 年間に 3 回の社会実験を行った。泉山氏によれば、行政と地域との議論のなかで、グリーン大通りの将来像を議論すると、地元の人々には、資料や言葉だけではイメージができないことが多かったという。しかし、実際に社会実験を通じて体験してもらうことにより、理解していただけたという。

「実際に人が公共空間を使うことはどういうことなのか」。それを社会実験で見せることは、地域の人々の合意形成を図るうえで重要である。

また、この社会実験では歩行者交通量のグラフと実際に座っている人の数を数えた滞在時間のグラフを作り、交通量とアクティビティ量を比較した。これによれば、お昼時の交通量は多いにもかかわらず、オープンカフェの利用者は減少していることが分かった。オープンカフェの出店店舗ではスパゲティ等の食事を提供しているが、保健所の指導により屋外に持ち出せないので、利用者が減少していった。

従来であれば、歩行者交通量が多ければ、オープンカフェは使われているという評価であったが、実際はこの間にほとんど利用されていなかった。これは、アクティビティ調査を行う必要性が高いことを如実に示している（図8参照）。

社会実験の様子（提供：泉山塁威）

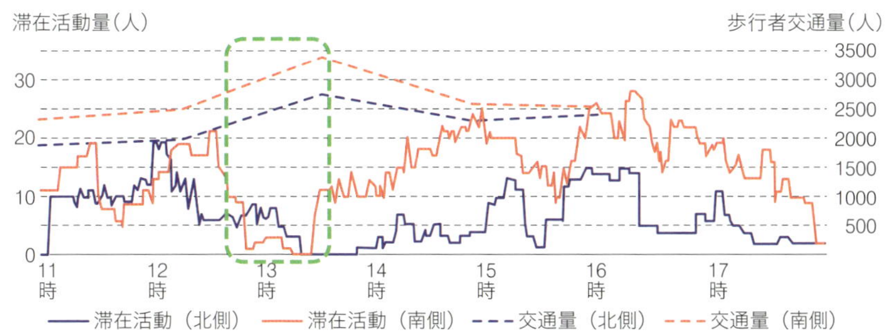

交通量調査とアクティビティ調査の比較から人が来るからパブリックスペースが使われるとは限らないことがわかる

図8　池袋駅東口グリーン大通りオープンカフェ社会実験　2014 - 2015（出典：「人間中心視点による公共空間のアクティビティ評価手法に関する研究―『池袋駅東口グリーン大通りオープンカフェ社会実験 2015年春期』のアクティビティ調査を中心に―」泉山塁威、中野卓、根本春奈『日本建築学会計画論文集』81（730）pp.2763-2773、2016年12月）

2. 御堂筋千日前通以南モデル区間における社会実験（御堂筋チャレンジ）

2017年5月11日、御堂筋が幅員6mの道路から現状の44m道路になって80周年を迎えた。2016年に御堂筋の南海難波駅前から千日前通の200mの区間をモデル区間として、6mの緩速車線を再編し、3mの自転車通行空間を整備し、歩道を拡幅する整備を行った（図9）。

このモデル区間の使われ方を検証し、将来、御堂筋全路線4kmをどのようにするかを検討するための社会実験である。80周年を機に、御堂筋を生まれ変わる大阪のシンボルと位置づけ、公民で「あるべき御堂筋のすがた」を共有し、「歩いて楽しいまち・大阪」の象徴として御堂筋を市民が誇りを持てるものとしたい。そのために都市戦略の転換を内外に向け発信し、その魅力を市民自身が実感できるようにするものである。

世界的な都市では、「歩いて楽しいまちづくり」を目指している所が多い。と

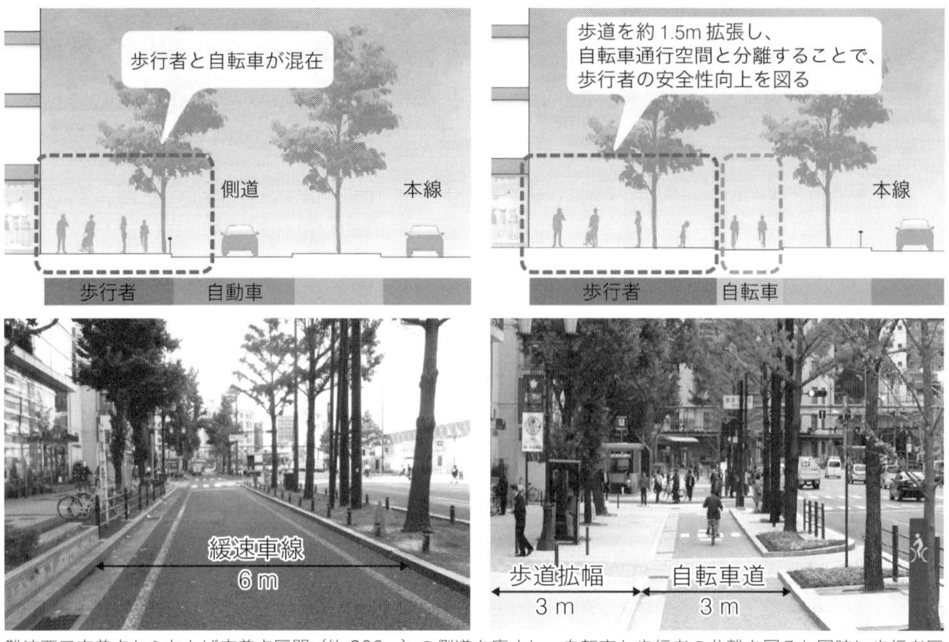

難波西口交差点からなんば交差点区間（約200m）の側道を廃止し、自転車と歩行者の分離を図ると同時に歩行者区間を拡大した

図9　御堂筋千日前通以南モデル区間における社会実験（出典：和田真治「一般財団法人森記念財団第6回都市ビジョン講演会資料」）

くに都市のメインストリートは、その象徴として都市の魅力を抽出し、世界中から人々を集めており、市民もそれを誇りに思っている。

大阪のメインストリートである御堂筋を単なる通行空間から魅力ある滞在空間に変えていこうというものである。御堂筋の交通量を40年前と現在を比べると、自動車は4割減少し、その代わりに自転車と歩行者が増えている。そうした変化をもとに御堂筋のあるべき姿を考え直した。

社会実験中は、自転車道にはプランターを置き道幅を2mに狭め自転車のマナーアップに努め、歩道にはテーブルやベンチを置き、キッチンカーでのカフェ、マーケットや音楽イベントを行った。

この推進体制は、図10のとおりである。

こうした社会実験の実施や将来像を描くことを公民連携で行ったことに大きな意義がある。

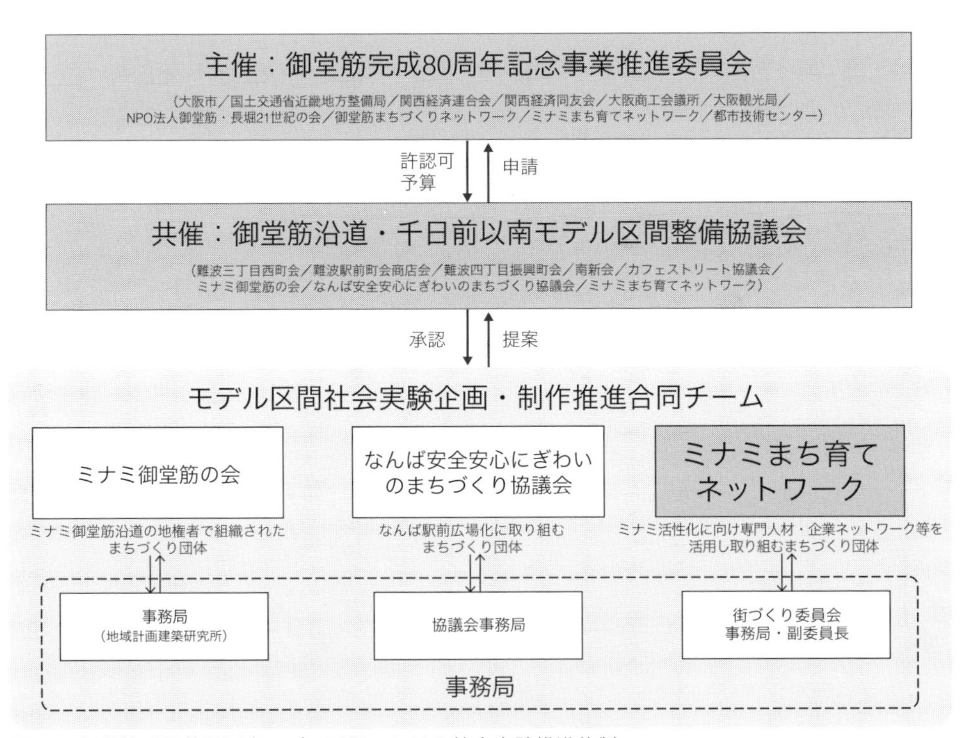

図10　御堂筋千日前通以南モデル区間における社会実験推進体制（出典：図9と同じ、一部変更）

3. 札幌大通地区社会実験（オープンカフェ等事業）

事業主体は、札幌大通まちづくり株式会社（都市再生推進法人）である。目的は、地域と札幌市、道路管理者が一体となって、賑わい創出による都心の魅力向上、放置自転車による道路交通環境やまちの景観の課題解決を目指すことである。札幌大通地区の歩道について、整備予定の路面電車延伸（ループ化）を契機に沿線に常設のオープンカフェ・売店を設置することで人の滞留空間を形成し、賑わいを創出し、景観の向上を図っている。まちづくりへの再投資を図る収益を確保することについての実証実験である。

このために都市再生推進法人による都市再生整備計画案の提案制度、都市利便増進協定および道路占用許可の特例制度を活用し、札幌大通地区の国道36号歩道部に指定された特例道路占用区域に、食事・購買施設、デッキを整備し、2013年8月11日にオープンした。国道における「道路占用許可の特例制度」活用は、全国初であった。効果の測定は、利用者アンケート調査、交通量調査、出店者へのヒアリング等により実施され、賑わいの創出の有効性、駐輪等の交通環境の課題解決に向けた有効性、景観への影響、年間を通じた活用に向けた事業性等を検証するものである。

図11　札幌市「大通すわろうテラス」（提供：札幌大通まちづくり株式会社）

公民連携体制づくり

1. 公民の連携・サポート体制をどう構築するか

エリアマネジメントの推進において、大きな原動力となるのが公民連携体制である。エリアにあるさまざまな公共空間等を活用して円滑に事業を進めるには、既存の行政制度やエリマネ団体の力だけでは十分ではない。国や自治体による人材・経済面の連携やサポートが必要と言える。とくに行政窓口の一元化などは、社会実験等を通じて、エリマネ団体や地域の特性、市民の行動を考慮し、カスタマイズした運用がされることが望ましい。また大都市を中心に生まれつつあるエリアマネジメントに係わる公民連携体制を参考にすることも有用である。

2. 実験的空間を普段使いのできる空間に

社会実験をイベントで終わらせるのではなく、仮説を持ってデータを取って検証し、繰り返し行うことで次のステップや新しいビジョン（望ましい将来の姿）に繋げていくことが必要である。

公共空間等の活用の幅を広げていくと同時に、さまざまな立場（利用者、事業者、周辺関係者、エリマネ団体、行政機関）に立って検証項目を増やすことにより、それぞれの間の垣根を乗り越えた合意形成や信頼関係を深めることになる。その結果、よりスムーズなまちづくりを行う公民連携体制を構築することとなる。

社会実験にともなう運営を繰り返すことにより、まちづくりの担い手であるエリマネ団体や行政のまちづくり担当の人材育成の場にすることができる。同時に、実験的な仮設の空間を市民が普段使いのできる空間に置き変えることに繋がる。

また、エリマネ団体が成り立つためには、人件費や管理費が必要であり、その財源を確保する必要がある。同時にエリアに対する行政の積極的関与も必要となる。

一方、公共空間等を実験的空間をへて普段使いのできる空間に生まれ変わらせる過程で、エリアの人々が信頼関係を築くことができる。その空間を普段から人々が利用することでエリアの利用者や住民、就業者との間に交流が広がる。こうした状況によりエリアの魅力や価値が向上する。

3. 円滑な公民連携体制の構築に向けて

エリマネ団体が、公共空間等を活用しやすい空間にする場合、前述したように、社会実験を実施するのが普通である。その場合の望ましい実施体制は、本格的な運用を見据え、利用者の目線を持った行政とエリマネ団体が図12のように連携し、行政内部でも連携して、エリアマネジメントに係わる対外的な行政窓口が一元化されていることが望まれる。

現実には、地域の事情によりさまざまな課題が次々と発生するが、実際にうまくいっている先行事例、大阪エリアマネジメント活性化会議（p.175 ～ 177

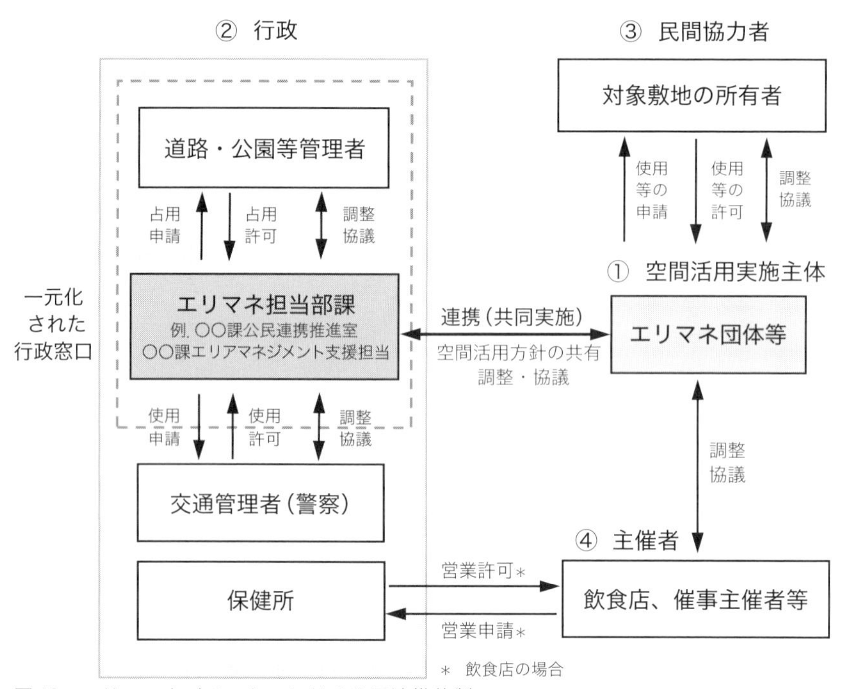

図12　エリアマネジメントにおける公民連携体制

参照）などを参考にしながら、社会実験のPDCAサイクルの段階において、理想的な連携体制づくりに向けた課題と、課題の解決方法について、エリマネ団体と関係行政機関が中心となり協議を重ねることが重要である（図13参照）。

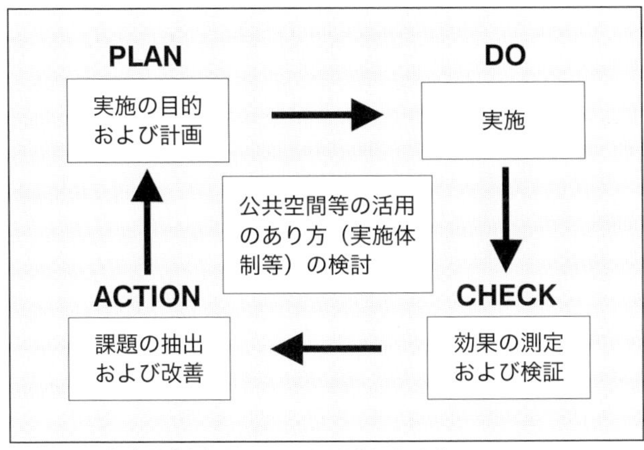

図13　公共空間等活用におけるPDCAサイクル

東京ミチテラス2017 丸の内行幸通り2017年12月24日（日）〜12月28日（木）
（提供：東京ミチテラス2017実行委員会）

STAFF

各地のエリアマネジメント

新虎通り

大阪市におけるエリアマネジメント推進組織

さまざまな団体と広域連携の組織

大阪市には数多くのエリアマネジメント団体（以下、エリマネ団体という）が活動している。活動の範囲は幅広く組織的なエリアマネジメント活動（以下、エリマネ活動という）を志向している団体から、地域のまちづくり活動を発展させたものまで多くの組織がある。

活動の場所も、新しい開発が進むグランフロントや梅田、大阪ビジネスパークなどオフィス街地区をはじめ、昔からのビジネスの中心部である船場地区や、繁華街であるミナミでも多くの団体が活動している。

さらに、それぞれの地域において各種の団体を束ねるような広域連携の組織があることが特徴となっている。梅田では「梅田地区エリアマネジメント実践連絡会」、船場では「船場げんきの会」、ミナミでは「ミナミまち育てネットワーク」といった団体が地域の連携を進めている。

地域の核となる水辺と御堂筋

大阪は江戸時代から町人のまちとして発達してきたため、東京の旧武家地のように公共空間に転用できる大きなまとまった土地がまちなかには少なかった。しかしながら「八百八橋」と呼ばれた大阪には、多くの橋と運河という資産がある。高度成長期以降、埋立が進み運河は減ってしまったが、近年は水辺を見直し公共空間として都市のなかで新しく利用しようという動きが出てきている。中之島のオープンテラス、北浜テラスなどでは、京都の川床のように水辺を利用した素敵な空間が生まれている。また道頓堀では散歩の楽しめるウッドデッキの遊歩道「とんぼりリバーウォーク」が2004年に整備された。道頓堀にはクルーズボートも就航し、水面に映える夜景が美しいナイトクルーズは人気となっている。

さらに大阪を代表する大通り、御堂筋の空間をうまく利用しようという試みもある。1937年に開通した御堂筋には、本線の両側並木の間にスピードの出ないリヤカーなどが通るように緩速車道が設けられている。現在、リヤカーなどはほとんど目にすることもなく、御堂筋の自動車交通量も40年前に比べ4割も減少している。そこで緩速車道を歩行者空間や自転車道へと転換する動きが進んでいる。2013年に社会実験が行われ、その結果を受けて2016年にモデル区間が整備された。こうした水辺や御堂筋といった貴重な公共空間等の利活用もエリアマネジメントの柱となっていることも大阪の特徴である。

大阪エリアマネジメント活性化会議

大阪市は2017年に大阪エリアマネジメント活性化会議を設立した。市内各地で活動しているエリマネ団体と大阪市が協力し、一体となって魅力を創りだそうとするものである。

大阪駅周辺、中之島、そして御堂筋のエリマネ団体と大阪市が交流しながら、各エリアの将来像、ブランドを設定する。一方で大阪市としてのブランドコンセプトを統一し、御堂筋などの公共空間等を活用しながら賑わいを生みだす。さらにエリマネ団体が抱える課題について、解決を探っていこうとするものである。活性化会議では2019年をめどに「大阪エリアマネジメント活性化ガイドライン」を作ることを目指している。

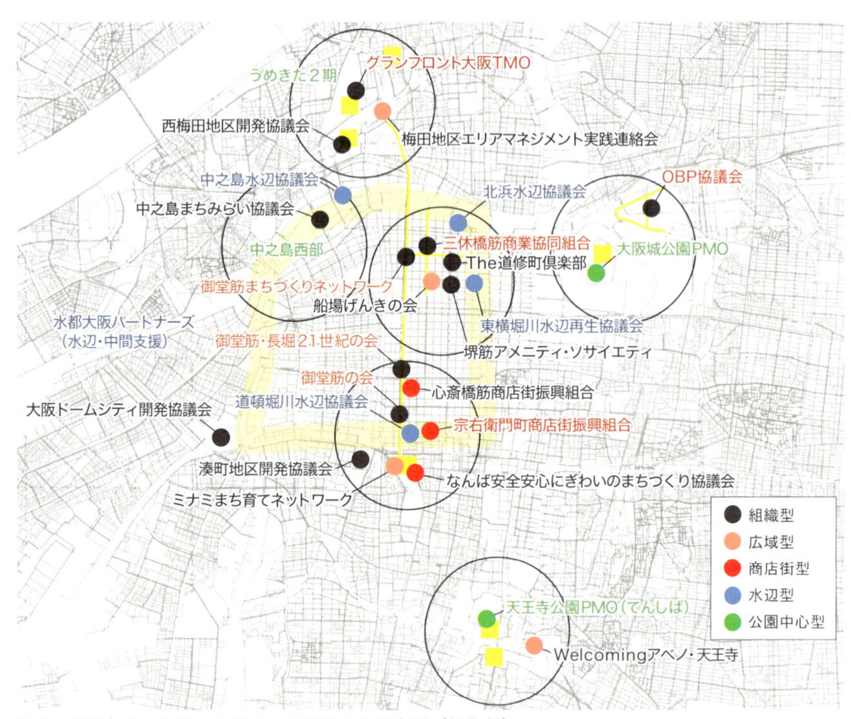

図1　大阪市のエリアマネジメント団体と公共空間（黄色部）(出典：各種資料より嘉名光市作成)

図2　北浜テラス（提供：北浜水辺協議会）

図3　御堂筋に設けられた自転車道（提供：嘉名光市）

図4　とんぼりリバーウォーク（出典：大阪市資料）

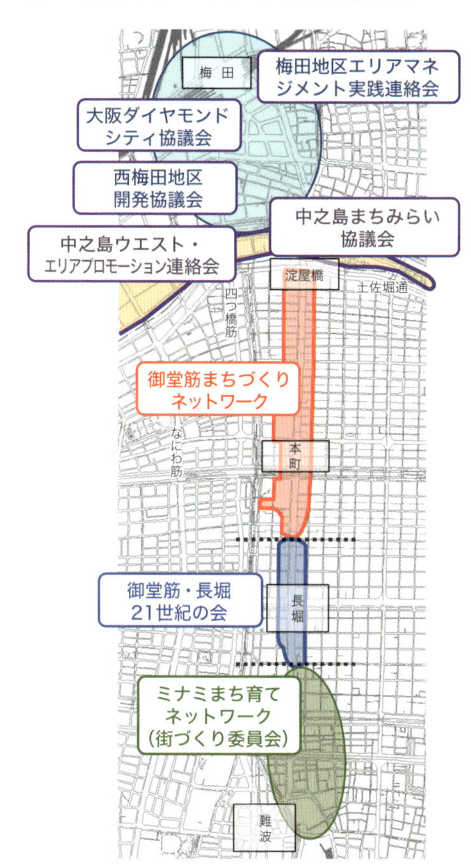

図5　大阪エリアマネジメント活性化会議の会員組織
（出典：大阪市資料）

図6　グランフロント大阪：うめきた広場
（提供：図3と同じ）

図7　中之島公園（提供：図3と同じ）

ヒルズ街育プロジェクト

ヒルズ街育プロジェクトとは

「ヒルズ街育プロジェクト」は、六本木ヒルズやアークヒルズなどを学習の場として提供し、地域の人々や未来を担う子どもたちが実際のモノや空間に触れながら、さまざまなことを学ぶ体験型プログラムである。森ビルが実践してきたまちづくりのノウハウを活かして、楽しく都市のあり方をともに考えていこうという試みである。

2007年にスタートしたヒルズ街育プロジェクトは、2017年までの10年間で、計370ツアー、延べ7千名以上の子どもたちが参加した。「安全」「環境」「文化」という3つのテーマを掲げ、毎年、春から秋にかけて多様なプログラムを企画し、多くの子どもたちによって体験されている。

レクチャー・見学・ワークショップ[1)]

多くのツアーは、小学校高学年を対象にしており、レクチャー・見学・ワークショップで構成されている。2017年夏には、全6種類・計50回のツアーが展開された。「安全」「環境」「文化」というテーマに沿って、代表的なツアーを紹介する。

「安全と安心のヒミツ探検ツアー」は、災害に強い六本木ヒルズで、安全・安心なまちづくりについて考えるツアーである。普段は見ることのできない「制振装置」「防災センター」「備蓄倉庫」などの防災設備を探検し、人とまちを災害から守るヒミツを探るものだ。「アートと文化のヒミツ探検ツアー」は、「文化都心」をコンセプトに作られた六本木ヒルズで、「まちづくり

図1　都市模型で鳥の目線と人の目線を体験（提供：森ビル株式会社）

図2　六本木ヒルズ屋上庭園で環境の取り組みをレクチャー（提供：図1と同じ）

にはどうして文化が欠かせないのか」を楽しみながら学ぶツアーである。森美術館で開催中の展覧会を、美術館のスタッフによる解説を聞きながら鑑賞する。

地元小学校への出張授業 2)

2015 年からは、地元小学校を中心に、まちづくりについて考える出張授業を展開している。出張授業では、街育プロジェクトの「街づくりのヒミツ探検ツアー」で実施しているワークショップをベースに、小学校学習指導要領に沿って、小学校側のニーズや生徒の年齢に応じて内容を編集しており、具体的なまちづくりを模擬体験できるプログラムになるよう工夫がされている。

一般公募によるプログラムの実施だけではなく、近隣小学校の授業の一環としてもヒルズ街育プロジェクトを活用することにより、地域コミュニティの育成や、恒常的な子どもの体験学習にも貢献している。

1) ヒルズ街育プロジェクトの概要やこれまでのレポートは、森ビル株式会社のホームページ（ヒルズ街育プロジェクト）に掲載されている。

2) 出張授業は、東京都港区教育委員会が推進する「学校支援ボランティア制度」に登録されている。学校支援ボランティア制度とは、企業が小学校の授業の一環としてプログラムを提供するものであり、子どもたちが豊かな体験や本物と出合う貴重な機会として、その取り組みは拡充されている。

図 3　六本木ヒルズけやき坂のストリートファニチャを見学（提供：図 1 と同じ）

図 5　地元小学校への出張授業(1)（提供:図 1 と同じ）

図 4　備蓄倉庫で安全の取り組みをレクチャー（提供：図 1 と同じ）

図 6　地元小学校への出張授業(2)（提供:図 1 と同じ）

3

チ・カ・ホ（札幌駅前通地下歩行空間）

イベントもショッピングも楽しめる空間

JR 札幌駅から地下鉄大通駅を結ぶ道路、駅前通の地下には、2011 年に完成したチ・カ・ホと呼ばれる素敵な空間が広がっている。中心部分は歩行者の通路となっているが、柱の脇から壁にかけてはアート作品が展示されたり、お店が出されていたりする。天井窓が外の光と景色を運び、液晶モニターのある広場ではコンサートが開催されることもある。くつろぐことのできるイスやテーブルもあるので、友達と話し込んでいるお姉さんやスマホをいじっている若者まで、多くの人が利用している。

11 月に入ると雪が降り始める札幌では、4 月に雪が消えるまで、チ・カ・ホは札幌駅と大通公園まで寒さや雪を気にせずに歩くことができる通路として多くの人に利用されている。札幌市によると 2011 年のチ・カ・ホの完成により、チ・カ・ホを含む駅前通の通行者数は5年間で2.3倍に増え、2015 年には平日 1 日あたり地上と地下を合算し 8.5 万人が通行している。しかしながらチ・カ・ホには単なる歩行者通路にとどまらない工夫が隠されている。

地下道を広場とする工夫

チ・カ・ホには歩行者が歩く中心の通路部分が 12 m あり、その脇に憩いの空間が 4 m ずつ設けられている。さらに沿道のビルと繋がる部分が接続空間として広がっている部分もある。

札幌市は憩いの空間と接続空間を広場として使えるように条例を定めた。同じように見える空間だが、道路となるとそこを使って何かをする場合、所有者や管理者、さ

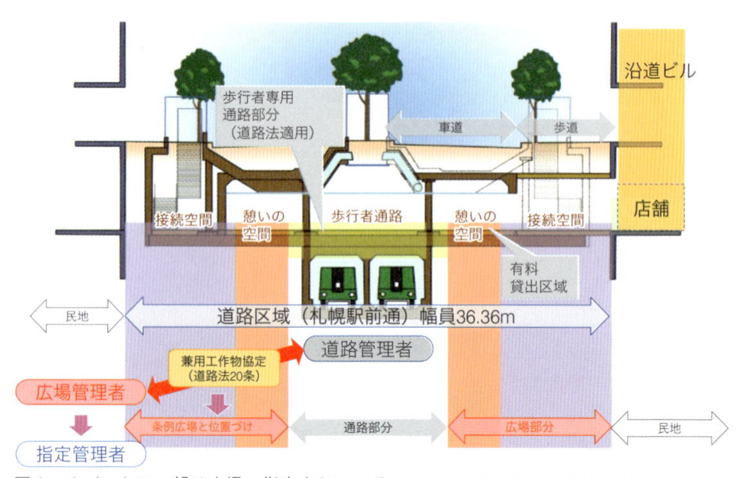

図 1　チ・カ・ホの一部は広場に指定されている（札幌駅前通まちづくり株式会社資料より作成）

らに警察の許可が必要になったりする。広場とすることによって、さまざまな手続きを減らし簡単に利用することができるのである。

チ・カ・ホでは広場となった空間を積極的に利用するため、駅前通に関係のある企業、札幌商工会議所、札幌市などがエリマネ団体である札幌駅前通まちづくり株式会社を2010年に立ち上げた。まちづくり会社は、広場がイベントやショッピングに利用されるように、窓口となって積極的に貸出を進めるとともに、多くの自主イベントを企画している。

こだわりの自主企画とアート

年に6回開催されるクラシェ（kuraché）は、北海道・札幌の魅力あるライフスタイルや暮らしのシーンをチ・カ・ホから提案しようとまちづくり会社が企画し開催するマルシェだ。毎回テーマを決め、展示のしつらえや、ディスプレイのデザインまで気を使っている。テーブルや什器、スタッフのエプロンも貸し出し、こだわりのある出店者を探し出して開催している。

2017年12月のクラシェでは「想いをつつむ」がテーマとなった。手作りのアクセサリーやニットのお店、コーヒー店、ケーキや和菓子のお店、雑貨店など、北海道内の評判のお店が出店し、クリスマスリースを作るワークショップも開催された。

アートを積極的に取り入れているのも、チ・カ・ホの特色だ。まちづくり会社が主催するPARC（Public Art Research Center）では、今まで7回のプログラムが開催されてきた。展示だけでなく、誰でも参加できるワークショップを開催するなど、意欲的な試みが続けられている。

チ・カ・ホは毎年秋に開催される、さっぽろアートステージの会場としても利用されている。有名な作家の作品だけでなく、市内の高校の美術部の生徒が観客の前で作品を制作するスクールアートライブは、札幌市民から反響が大きく、2017年には6校が参加した。毎日多くの人がチ・カ・ホを利用するので、アートのイベントは札幌のまちに大きな刺激を与えている。

チ・カ・ホは快適に歩ける空間として、また天候に左右されないイベント空間として評価が高く、広場の稼働率は年間90%を超えるという。札幌市にとって単なる地下通路を超えた、賑わいの絶えない場所となっている。

図2　チ・カ・ホで定期的に開催されるクラシェ
（提供：札幌駅前通まちづくり株式会社）

図3　地元高校生の晴れの場、スクールアートライブ

大丸有地区のエリアマネジメントと公共空間等活用手続き

まち全体の取り組みを目指してきた大丸有

エリマネ活動の先駆けの地と言える大丸有地区では、地区が一体となってより良いまちを作っていこうという試みがかなり昔から行われており、それが現在の活動に繋がっている。

丸の内では再開発を進めるにあたり、まちの将来像をみんなで考えビジョンを作ろうと地権者が集まり、1988年にまちづくり協議会を立ち上げた。さらに地元の行政である千代田区、東京都、そして東京駅を管理するJR東日本とともにまちづくり懇談会を1996年に作り、丸の内の再構築、再開発に向けたビジョンをみんなで共有するようになった。2000年には、具体的な指針となるまちづくりガイドラインが出来あがり、現在まで数回の改定が行われている。2002年にはまちを「育てること」を「作る」段階から考えるために大丸有エリアマネジメント協会（リガーレ）が設立され、ガイドラインをもとに、さまざまなエリマネ活動を行っている。

優れた立地と道路環境

現在、大丸有地区は区域面積約120 ha、約80社の地権者がおり、ビルは約100棟ある。東京の表玄関にして交通の重要な結節点である東京駅。そして日本の中心として天皇陛下のおられる皇居を繋ぐ行幸通りをはじめ、広い道路網が地域に巡らされている。

今までにも大丸有地区内で、道路や公共空間等を使ったイベントは行われてきている。1999年から開催されていた東京ミレナリオ。2001年には、イタリア年を祝し行幸通りを使って大規模な前夜祭が、2007年には東京オリンピック招致のために仲通りでスポーツイベントが開催されている。

ただ、こういったイベントは一時的なもので、ガイドラインが目指すまちの賑わいと発展を考えると物足りない。優れた立地条件、完成された道路網など多くの利点を活かすためにも、ソフト面からまちづくりをさらに進めるべきだという声が上がってきた。道路の利用についても、経常的に利用するための努力が始められた。

特区指定を契機に利用手続を整える

2015年には国家戦略特区として丸の内仲通り、行幸通りなどが指定され、道路を利用して賑わいを生みだす事業が認められることになった。さらに同年7月、それまで平日お昼の1時間のみ車両通行規制されていた仲通りが平日は午前11時から午後3時まで、土日祝日は午前11時から夕方5時まで車を止め歩行者専用の空間、ホコテンとして解放されることになり、これを機に社会実験のモデル事業として、道路空間の活用をより積極的に進める取り組みを開始した。丸の内アーバンテラスとして始められたこの試みでは、イスとテーブルを置き、キッチンカーも毎日出店し、多くの人たちがまちの空間と賑わいを楽しんだ。仲通りでは、その他にラジオ体操や綱引き大会などが開催され、行幸通りでは日本をPRするツーリズムEXPOのオープニングセレモニー、ジャパンナイトやクラシックコンサートなど大規模なイベントも開催された。

モデル事業ではアンケート調査、アクティビティ調査などが行われ、公的空間活用委員会によって検討された。その結果本格的に利用を進めるには、ルールを定める必要があるということになり、大丸有まちづくり懇談会による「道路空間活用のご案内」が2017年に作られた。さらに通りごとに細かなマニュアルをまとめた利用ガイドも2017年に作成された。

マニュアルは、社会実験をするなかで多くの問い合せが寄せられるようになり、それに答えるためにまとめられたもので、申し込みから開催までに必要な書類や申請先まで丁寧に記されている。今までは道路でイベントを実施する場合には、どういったことをすればよいのか、どこで手続きをすればよいのか、手探りで始めるしかなかったが、こういった案内書やマニュアルが出来あがったことによって非常に分かりやすくなっている。

活用関係者の情報共有の場を作る

実際の活用にあたっては、関係省庁を回りさまざまな許認可を取らなければならないが、その手続きをよりスムーズに進めるための試みも始められている。大丸有地区では東京都、千代田区、警視庁など道路活用に関わる関係者が集まり、過去のイベント事例を報告し、経験を蓄積する道路空間活用関係者会が2017年に設立され、半年に一度開催することになった。上手く行った例や問題点など、過去の事例を共有することで、新しいイベントがスムーズに開催できるようになることが期待されている。これらの準備をへて、2017年以降も道路空間の利用は持続的に実施されることになった。

図1　利用手続をまとめたマニュアルを作成（提供：リガーレ）

5

豊田市中心市街地における公共空間等の活用

駅前再開発ビルの百貨店の撤退がきっかけに

豊田市は愛知県北東部に位置し、世界有数の企業、トヨタ自動車の本社があることでも知られている中核市だ。2005年に合併し面積は愛知県で一番、人口は愛知県で2番目に大きな市になった。中京圏の中心都市名古屋とは名鉄線で繋がり、豊田市駅周辺は中心市街地として再開発が進められていた。しかしながら、駅前の再開発ビルに入居していた豊田そごうが2000年に閉店してしまった。豊田市は駅前の商業機能を守るため、TMO法人豊田まちづくり株式会社を立ち上げ、中心市街地を活性化し、まちづくりを進める努力が始められた。

あそべるとよたプロジェクト

2017年に豊田商工会議所、豊田まちづくり株式会社によって、一般社団法人TCCM（トヨタシティセンターマネジメント）が設立された。TCCMは、まちの価値を維持・向上させるまちづくり事業と、まちの賑わい・楽しさの創造、魅力を発信するプロモーション事業に取り組みながらエリアマネジメントを進めている。そのなかでも「あそべるとよた」というプロジェクトは、豊田市とともに中心市街地にある公共空間等を積極的に活用しようとするものだ。豊田市では再開発事業が進み、開けた空間が出来あがっているが、残念なことにいつも賑わいがあるような場所となっていない。そのような場所を、みなの知恵とアイデアで活かそうとしている。

駅前ペデストリアンデッキでの実験

まず実験として選ばれたのは、ペデストリアンデッキだった。豊田市には2つの駅があり、その間を結ぶペデストリアンデッキは、毎日2万人を超える人が通行している。ところが、その人たちはまちのなかを巡ったり、留まったりすることが少なく、そのまま電車に乗って帰ってしまうためペデストリアンデッキは無駄に広く感じられるような場所だった。そこで豊田市の協力を得ながら、デッキの一部を歩道から広場に変え、賑わいや憩いの場所として利用できるかどうか。さらにはカフェやビアガーデンとして使えるかどうかの実験を2015年から2016年にかけて行った。また、お盆の時期には盆踊りも開催された。これらの実験を通じて、豊田市の公共空間等は、工夫により楽しく使えるということを実証することができた。

中心市街地の公共空間等を使いやすく

あそべるとよたプロジェクトでは、実験をへて単発のイベントから、日常的に使い

図1　ペデストリアンデッキにカフェが出店（提供：豊田市）

こなされる場所となるようにステップを進めている。今までは広場を使うといっても、誰に話をしたらよいのか、分かりにくかった。そこで、あそべるとよた推進協議会を作り、ホームページが立ち上げられた。クリックすると、どの広場が使えるのか、どのような使い方ができるのか、いつ空いているのか、いくらぐらいで借りることができるのか、すべてが分かるようになっている。使いたい人は推進協議会の事務局に相談した後に、「使いこなし講座」を受けルールや手続きを知ってもらい、実際の利用に進むことになっている。

ペデストリアンデッキでは、2017年からビールも飲めるカフェが通年で出店し、夏には2016年に続き、盆踊り大会が開催された。また11月には「あそべるとよた4DAYS」としてペデストリアンデッキや中心市街地の広場を使い、多くのイベントが開催された。

その他、TCCMでは豊田市の桜城址公園を使ったSTREET & PARK MARKETというマーケットを開催している。毎月第3土曜日に開かれるマーケットは、約50～100のこだわりの店舗が出店し、来場者は1200人ほどの人気のイベントになっている。マーケットの出店についてはホームページ上から詳しい情報を得ることができ、ネット上から応募ができるようになっている。また、豊田市美術館の庭園を利用してMUSEUM MARKETを美術館の企画展にあわせて年に数回開催している。素晴らしい庭園に恵まれた会場には素敵な店舗やカフェが出店するため、毎回約2千人が来場している。

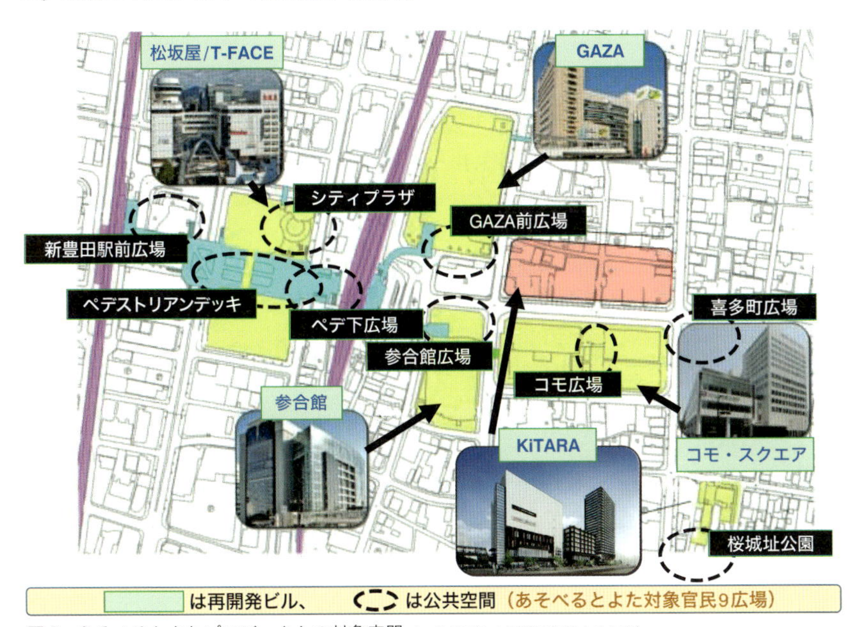

図2　あそべるとよたプロジェクトの対象空間（一般社団法人TCCM資料より作成）

新虎通りと道路活用

東京の新しい幹線道路　新虎通り

長い間建設されずにいた東京の主要幹線道路、環状2号線の新橋虎ノ門区間は、2014年に完成した虎ノ門ヒルズの建設とともに再開発事業として整備された。環状2号線は、埋立地の江東区有明から中央区、港区をへて秋葉原駅の南を終点とする全長約14kmの都市計画道路である。完成すると東京ビッグサイト、豊洲新市場など開発の進む東京臨海部と内陸部を結ぶ大動脈となる。また2020年のオリンピックでは、国立競技場と晴海の選手村や東京ベイゾーンのオリンピック会場を結ぶ重要な道路となる予定だ。2014年に完成した新橋、虎ノ門間の環状2号線は、地下にトンネルを掘り地上部と二重の道路になっている。そのうち地上部分は、「新虎通り」と命名された。地上部の歩道は13mの幅があり、原宿の表参道の歩道よりも広くなっている。

賑わいのある道路とする工夫

新虎通りは沿道一体が東京都の「東京のしゃれた街並みづくり推進条例」に基づくまち並み再生地区に指定されており、東京を代表するまちになることが期待されている。

そして広告塔や看板、食事施設、購買施設、休憩所、レンタサイクル施設など、まちの賑わいを生みだすために必要な施設を都が管理する道路上に設置できるようにするプロジェクトが進められている。日本では勝手に道路上にテーブルやイスを並べることは許されないが、プロジェクトでは規制を緩和し一定条件のもとに認められるようになった。

新虎通りでは、沿道の地権者などが通りの開通にあわせて2014年に「新虎通りエリアマネジメント協議会」を設立し、道路占用の申請手続きやオープンカフェの管理を手掛けることになった。2015年には、エリマネ活動を進めるうえで必要な行政や出店者などとの対外調整をやりやすくするために「一般社団法人新虎通りエリアマネジメント」が立ち上げられ、協議会と連携しながらエリマネ活動を進めている。一般社団法人設立後、地元の方々と一緒にまちの将来像を描くためのワークショップを開催し、目指すべきまちの方向性をエリアビジョンとして2016年3月にまとめ上げた。

イベントを開催

2016年の7月には協議会と社団法人が共催し、新虎通りを使った初のイベントである「新虎打ち水大作戦」を開催した。打ち水大作戦は2003年から提唱されているもので、都心部で進んでいるヒートアイランド現象を昔ながらの打ち水で緩和していこうとする試みだ。新虎打ち水大作戦は2016年の大暑から処暑に全国で開催される打ち水大作戦の開幕イベントとなり、会場となった虎ノ門ヒルズから新虎通りの歩道にかけては、多くの参加者が打ち水を楽しんだ。

2016年10月には、リオデジャネイロオリンピック・パラリンピック日本代表選手団合同パレードが開催された。パレード実行委員会からの話を受け、新虎通りエリアマネジメントは地元への周知協力をし、通りを使ったイベントとして開催された。当日は天気にも恵まれ、出発式では約1万2千人の観客が選手たちを見守った。

2016年11月には「東京新虎まつり」が開かれた。これは東京都が主催となり実行委員会を組成し、そのなかに一般社団も入るかたちで開催された。東京新虎まつりは、東北の復興と鎮魂、そして日本のコンテンツを海外に向けて発信することで東京が地方に貢献する、オールジャパン的な催しとなった。新虎通りを封鎖して開催された東北六魂祭パレード、虎ノ門ヒルズでの各種イベント、そして港区の南桜公園の3会場を合わせると延べ3万人が訪れた。メインイベントの東北六魂祭パレードでは通りの両サイドに観客席が設けられ、巨大なステージとなった新虎通りは、出演者の渾身の演技と熱気に包まれ、多くの観客が魅了された。

日本を発信する日常の試み

虎ノ門ヒルズに接する新虎通りの広い歩道には、カフェのテーブルとイスが並べられている。このカフェと隣の店舗、そして4カ所のガラス張りのスタンド店舗では、「旅する新虎マーケット」という取り組みが2017年度に行われた。これは短期間のイベントではなく、道路内に許された施設を利用し、日常的に賑わいを生みだそうとするものだ。主催は全国の570を超える市町村が加盟している「2020年東京オリンピック・パラリンピックを活用した地域活性化推進首長連合」である。

旅する新虎マーケットでは、3カ月ごとに自治体が入れ替わり日本全国の魅力ある食や選りすぐられた商品が出展され、さらには実演やワークショップを通じて、自治体情報の発信を行っている。現在は旅する新虎マーケットに加え沿道の4つの飲食店が、新虎通りにオープンテラスを出している。新虎通りには散歩だけでなく、食事やショッピングを楽しんだり、休憩したりする場所が増えつつある。

新虎通りでは通りが優れた景観になるよう、統一されたデザインを目指そうとする取り組みもまた、新たに始められた。今後新たな建物が建設される際には、みなで考えて沿道の建物と屋外広告物を新虎通りにふさわしいものにしていこうとするものである。

図1　リオオリンピック・パラリンピック選手団パレード（提供：森ビル株式会社）

図2　旅する新虎マーケット（提供：Kenta Hasegawa）

なんばひろば改造計画

大阪ミナミの玄関口　南海なんば駅

南海なんば駅は大阪を代表する繁華街ミナミの玄関口である。大阪を南北に貫くメインストリート、御堂筋の南端部に位置し、周囲にはハイクラスな商業の中心地である心斎橋、時代とともに変化し続ける電気街でんでんタウン、その他道頓堀、黒門市場、法善寺横丁など多くの個性あふれる商店街がある。さらに緑の豊かさに驚かされる、なんばパークスや巨大ホテル、百貨店などが駅の周りにそびえ立ち、世界でも類のない都心部となっている。またここは、南海電鉄が関西国際空港と直結しているため、海外からの訪問者が日本で最初に降り立つ大都市の中枢ともなっている。とくにここ数年、海外からの観光客が増加し、賑わいを増している。しかしながら、なんば駅周辺には、広場のような余裕を感じさせる空間が少ない。海外からの訪問客にもくつろげる場が用意されていれば、とても良い印象を持たれるだろう。避けたいのは混雑と混乱である。

地元から起こった駅周辺の改良の動き

こうした状況を改善しようと、10年ほど前から地元のなんさん通り商店街より、歩行者のモールにできないかという声が上がってきた。それ以後、地元では議論が続けられ、2008年には地元の町会、商店街、企業などが駅前整備の検討を開始し、2011年には27団体が参加した「なんば安全安心にぎわいのまちづくり協議会」が発足した。自ら交通量調査を行い、警察との協議も始めるなど、行政と一緒になった努力が行われた。2015年4月には、具体化案や要望書を市長に提出するなどして、正式に官民協働の検討が始まり、2016年11月に社会実験を行うことになった。

道路を封鎖し広場に

「なんばひろば改造計画」と名づけられた社会実験では、2016年11月11日の金曜日から3日間、なんば駅前の道路を通行止めにし、ウッドデッキを敷き仮設の広場を作りあげた。駅前通りに繋がるタクシープールも一体の広場とし、ライブなどが行える

図1　社会実験前の駅前広場（出典：和田真治「一般財団法人森記念財団第6回都市ビジョン講演会資料」）

図2　社会実験中の駅前広場（出典：図1と同じ）

ステージも準備した。人々がくつろげるようにテーブルとイスを用意し、カフェやバーも出店した。さらに内外旅行者のためのインフォメーションセンターも作られ、体験型のまち歩きツアーの開催では学生ボランティアが活躍した。

11日には上質なクラフトと手作りマーケット「芦原橋アップマーケット」が開催され、12日は「J:COM Present なんば駅前広場スペシャルイベント」として地元のアーティストのライブや夜には屋外シネマの上映があった。13日にはなんばに本社のあるクボタがマルシェと企業PRイベント「クボタアーステラス」を開催するなど、日替わりで多くのプログラムが開催された。

大阪の新たなシンボル空間を目指す

3日間の社会実験で約9万人が広場を訪れ、地元テレビのニュースでも取り上げられ大きな反響があった。心配された交通混雑も起きず、地元商店街からも好評であった。利用した日本人、外国人にアンケート調査をしたところ、歩行者空間について日本人外国人ともに約9割の人から「とてもよい・よい」と評価された。多くのイベントが開催されたが、「休憩スペース」「飲食店」としての利用の評価が高く、日本人外国人ともに将来も開催してほしいという声が1、2位となった。

この結果を受けて、2017年になんば広場の改造に向けた基本計画が大阪市、大阪府、大阪商工会議所と地元協議会の公民連携でまとめられた。基本計画では、なんば駅前広場を大阪のおもてなし玄関口として世界を惹きつける観光拠点とすること。そのために上質な居心地の良い空間を作りあげ、また観光案内所を設け、地域と連携して大阪を回遊する拠点となる、大阪の新たなシンボル空間を目指すことが構想されている。現在はこの基本計画をもとに、なんば駅前が常設的な広場となるよう、関係者および関係機関と議論が重ねられている。

図3　芦原橋アップマーケット（出典：図1と同じ）

図4　クボタアーステラス（出典：図1と同じ）

図5　将来の駅前広場のイメージ（出典：図1と同じ）

みなとみらい21公共空間活用委員会

ウォーターフロントの新都心

横浜みなとみらい21は横浜港に隣接する工業地域を再開発して出来あがった、新しい都心地区である。高度成長期に活躍した造船所が移転し埠頭、鉄道敷地を含めた広大な敷地が、1983年から再開発された。みなとみらい大通り、国際大通りが建設され、1989年には横浜博覧会が開催され整備に弾みがついた。その後、横浜美術館、パシフィコ横浜、横浜ランドマークタワーやクイーンズスクエア横浜など巨大な施設が建設され、ウォーターフロントの新都心として2017年には7900万人が訪れるまちになっている。

まちづくり活動と組織

横浜みなとみらい21ではハードの建設が進められるとともに、まちづくり活動も進められてきた。1984年には株式会社横浜みなとみらい21が設立され、2009年には新たに一般社団法人横浜みなとみらい21が株式会社の役割を受け継ぐかたちで、事業を開始した。メンバーはみなとみらい21地区内の土地・建物所有者、施設管理運営者等により構成され、横浜市からも出向者が参加している。

設立の目的は、まちづくりに関わる多様な主体が一体となってエリアマネジメントを実践することにより、横浜みなとみらい21の魅力を高め、質の高い都市環境の維持・向上を図り、活力あふれる国際文化都市・横浜の発展に寄与することとしている。さらに3つの基本理念、すなわち多様な活動が共存し豊かな都市文化を醸成すること、安全で高質な心地よい都市環境を形成すること、「みなとみらい21」のブランドを育成・確立・発信すること、が定められている。

社団法人はまちづくりや環境対策、文化・プロモーション活動を通じて、地域全体のマネジメントを行っている。みなとみらい21地区には公園や広い道路など公共空間等が計画的に整備されており、それらを使ってまちの魅力や賑わいに繋げようとする試みも積極的に行ってきた。2009年から国土交通省の補助を受け、地区の公共空間等であるグランモール公園、公開空地、汽車道・運河パーク等の港湾緑地、内水域を活用し、賑わい創出のための社会実験を継続実施した。2010、2011年には「みなとみらい21 JAZZ & Wine」「内水域景観形成社会実験（汽車道ライトアップ＆イルミネーション）」などが開催された。2012年にはさらにオープンカフェとフリーマーケット、2013年には音楽ライブの社会実験が開催され、実施する際の仕組み作りや、実際の課題などを検証してきた。

みなとみらい21公共空間活用委員会

みなとみらい21地区では社会実験が好評だったため、行政の規制が緩和され、公共空間等の活用をさらに進めることになった。2013年に一般社団法人横浜みなとみらい21および公共空間等の活用を希望する会員企業からなる「みなとみらい21公共空間活用委員会」（以下、委員会という）が設立された。委員会は審査基準等を定め、さらに委員会で承認を得たうえで、委員会にて一括して許認可手続きをすることにより、従来の個別手続きでは許可されなかったイベントの実施が可能となった。これによりオープンカフェなどの行政機関への協議・申請は「みなとみらい21公共空間活用委員会」が一括して行っている。イベントごとに行政との協議は必要なものの過去に実績のあるイベントは協議が簡略化され申請のみとなっている。

委員会最初の取り組みとして2013年にオープンカフェ「SOTO CAFE MM（ソトカフェみなとみらい）」がスタートし、さらに2014年のCIAL桜木町開業にともない桜木町駅前広場でもソトカフェが実施されている。

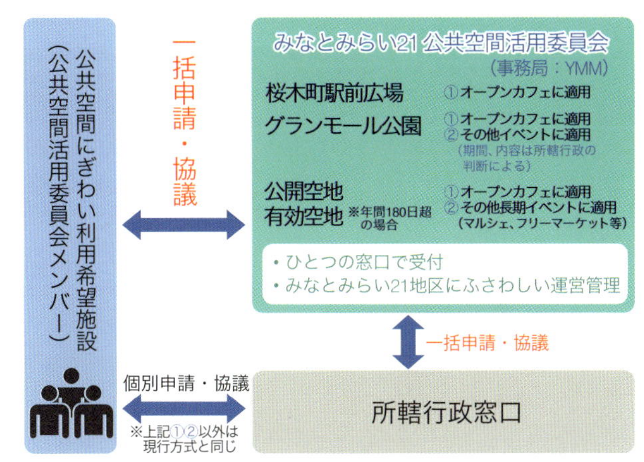

図1　簡単になった利用手続（出典：横浜みなとみらい21ホームページ）

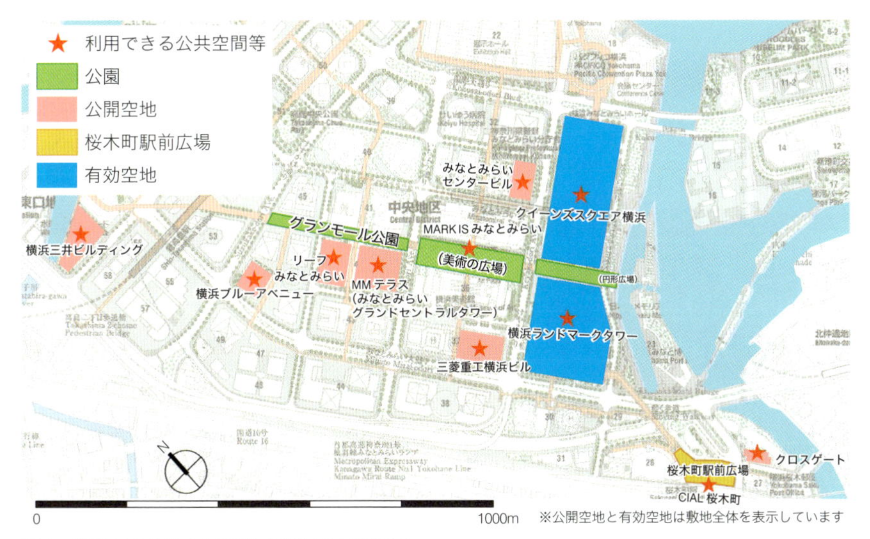

図2　利用できる公共空間等（2017年4月現在）（出典：図1と同じ）

六本木ヒルズアリーナ

文化都心六本木ヒルズの中心

2003年に17年をかけて完成した六本木ヒルズは、東京の文化都心となるべくオフィスや住宅だけでなく、さまざまな機能が取り入れられた複合開発である。高さ238mの森タワー最上部には美術館や展望台があり、ホテルやシネマコンプレックス、テレビ局、FMラジオ局までが立地している。そして、六本木ヒルズの中心部には開閉屋根式のイベントスペース、六本木ヒルズアリーナが設けられている。けやき坂と毛利庭園に面する広さ約1100 m²のアリーナは、六本木ヒルズの敷地に作られた空間であり、イベント、コンサートやパフォーマンスといったさまざまな催し物が開催できるように照明、音響設備が備えられている。

図1　六本木ヒルズ（提供：森ビル株式会社）

東京国際映画祭、六本木アートナイト

2004年から毎年秋に開催される東京国際映画祭では、レッドカーペットが敷かれたアリーナが世界のスターが集う華やかな場所となる。また、シネマコンプレックスがあるため、アリーナでは新作映画のプロモーションが開催されることも多い。

まち全体がアートのイベントで埋め尽くされる六本木アートナイトでは、広い空間と設備を持つアリーナは屋外の中心会場となる。素晴らしいパフォーミングアートやイベントが次々に上演され、夜遅くまで人々の熱気に包まれる。冬のけやき坂を美しく彩るイルミネーションの点灯式といった象徴的なイベントもアリーナで開催されている。

その他、ファッションショーや新製品のプロモーションなどが年間数多く開催されており、現代の最先端のイベントの場としてアリーナは六本木ヒルズには欠かせない存在になっている。

図2　東京国際映画祭2017（提供：図1と同じ）

コミュニティ活動の場

現代の大都会では人と人との繋がりが失われやすく、そのことは都市の活力と魅力を失うことにもなりかねない。それを防ぐために地元の自治会と連携し、さまざまなコミュニティ活動がアリーナでは開催されている。六本木ヒルズでは住人だけでなく、働く人、訪れる人も含めたタウンマネジメントを志向しており、完成した2003年から多くの試みが行われている。サクラのころの風物詩となった六本木ヒルズの春まつり、そして夏祭りは地元住民と働く人、訪れる人がともに楽しく交流する場となっている。

とくに夏祭りでは、自治会のメンバーが楽劇（がくげき）「六本木楽（ろっぽんぎがく）」の中心として活躍している。「六本木楽」は故野村万之丞氏が日本各地の伝統芸能や民俗芸能を盛り込み、再構成した音楽舞劇「大田楽（だいでんがく）」をアレンジしたもので、2006年より毎年上演されている。ひと月以上前から住む人、働く人、そして興味を持った人たちがともに練習を重ね本番の日を目指す。子どものときから参加し、

図3　六本木ヒルズ夏祭り（提供：図1と同じ）

図4　楽劇六本木楽（提供：図1と同じ）

図5　六本木ヒルズアリーナ（提供：図1と同じ）

今や立派な大人の演者として活躍する人もおり、次世代にまで活動が受け継がれていることは頼もしいかぎりだ。

震災訓練を実施

六本木ヒルズの開発では防災も重要視された。巨大地震が発生しても大丈夫なように、最新の耐震技術が導入され、また水道、電気といったライフラインを確実なものにするために災害用井戸、エネルギープラントが敷地内に備えられた。

それにもまして重要なことは、いざというときに安全に対処できるようにすることだ。森ビルでは9月1日の防災の日と、阪神・淡路大震災のあった1月17日に総合震災訓練を、さらに3月11日には六本木ヒルズ自治会とともに六本木ヒルズ震災訓練をアリーナで実施している。社員は応急手当、消火器の使用など、災害時の初動期に必要となる活動を体験する。2018年1月17日には、港区国際防災ボランティアと近隣の大使館、インターナショナルスクールとともに、外国人帰宅困難者の受入を想定した訓練が開催され、今まで以上にさまざまな人たちが震災訓練に参加した。

アリーナは単なるレンタルスペースにとどまらず、世界に向けて東京さらには日本を発信する場として利用されたり、地域コミュニティ活動や防災といった重要な役割も果たす場ともなっている。そしてイベントが開催されないときは、誰でもアクセスできる公共性の高い広場空間として、多くの人に利用されている。

図6　震災訓練（提供：図1と同じ）

これからの
エリアマネジメント活動のために
──評価と財源

今日、エリアマネジメント団体（以下、エリマネ団体という）が全国に、かつ大都市から中小都市まで活動を展開するようになっている。その活動の実際を活動内容および活動が展開する空間の両面にわたって紹介してきた。

またエリアマネジメント活動（以下、エリマネ活動という）は、わが国では民を中心に、また大都市都心部を中心に展開してきたが、すでに中小都市にも波及しており、それを加速させることがわが国の都市再生にとって重要であると考えている。そのためには、今後はエリアマネジメントを公民連携で進める必要があり、海外のBID活動において、TIFの仕組みが連携していることにも本文で言及した。ただここで述べる公民連携は、これまでの官による計画に基づいて一方的に官の税金が使われるのではなく、海外においてBIDとTIFの仕組みが連携しているように、民によるエリアの計画が立案され、民による活動が官によって税金が投下されたエリアを活かす方向で協議され、そのことが確認されていること重要である。それを別の角度から示すと、民のエリマネ活動が積極的に展開する可能性が高く、そのことが公民の協議によって確認されているエリアに、他のエリアから見ると不公平に見えるかもしれない税金の投入等をすることの正当性に繋がると言えることである。

一方、これまで展開してきたわが国のエリマネ活動も、現実にはさまざまな課題を抱えている。エリマネ活動を多くの関係者に納得を得て展開するには、エリマネ活動がどのような効果をエリアに及ぼし、本当に地域価値を高めているのかを示す努力をしなければならない。またそれは同時にどのような評価手法を使って地域価値の向上を評価するのかも課題となってくる。

その際に気を付けなければいけないのは、エリマネ活動の効果を短期間で期待することは筋違いであるということである。海外のエリマネ活動評価も基本的には最低5年の期間をかけて評価することになっているのが一般的であるし、また評価を地価の上昇、賃料の上昇などの経済価値のみで効果を図ることにはなっていないことである。エリマネ活動がエリアにもたらす多面的な効果、さらにエリアからスピルオーバーする効果、それはエリマネ活動が一定の公共性を持っていることと繋がるが、そのことに配慮した、かつわが国のエリマネ活動が海外の活動とは異なる内容を持つことに配慮した評価が必要であると考える。さらに言えば、次の時代のまちづくりに関わる活動がわが国のエリマネ活動であることを認識して評価する必要がある。

上記のようなエリマネ活動に評価の視点を考えると、わが国のエリマネ活動が、次の時代のまちづくりの中心となるためにも、エリマネ活動を十分に展開するための財源の確保が重要になってくる。わが国のエリマネ活動を展開している組織に聞くと、その課題の中心にあるのが財源問題であることが分かる。とくに、海外のエリマネ活動（BID 活動）の実際を研究すると日本の現状との違いが大きいのが理解できる。

エリアマネジメント活動の効果と評価

●エリアマネジメント活動に期待する効果

エリマネ活動に期待する効果は、第 1 に公共性（エリア外部にスピルオーバーする公共性と区域内への外部効果）により、社会をよくし、まちをよくすることである。第 2 に互酬性により、エリア内でエリマネ活動を展開することによるメリットが活動組織を担う者に及ぶことである。第 3 に地域価値増加により、都市経営的視点から有意義なことである。

上記のことを全体で見ると、第 1 の公共性の側面というのは、エリアの外部にいる人は、あるいは外からエリアにくる人は、エリマネ活動による効果に対してはフリーライダーにならざるを得ないので、エリマネ空間を含めて、空間も活動も公共財に近いことになる。したがって、エリマネ活動は公共性があると言える。第 2 の互酬性の側面というのはエリア内にいる人からフリーライダーを出さないということであり、互いにエリマネ活動をすることによりエリアの価値を高めることがエリア内の人々にとって広い意味での利益に繋がると言える。さらに、第 3 の地域価値増加性というのは、エリマネ活動は商業振興などにより民間の関係者に利益をもたらし、また地域価値の増加は、公に対する税収増というかたちで効果を発揮し、税金を使うのではなく、税金を投資するという結果を生むことになる。

●エリアマネジメント効果を実現するための条件

第1に、短期的な効果のみを期待するのではなく、一定の期間をかけて上記効果が発揮されることをエリマネ団体として、またそれを担う主体として理解することである。第2に、民側のエリマネ活動の効果が発揮されるまでの間を含めて、活動の意味に応じて公側の身近なインフラ整備、助成、さらに規制緩和が行われる仕組みが用意されることである。

第3には、上記の2つの事柄を実現するにはエリマネ団体の組成をエリア内の民の個々の意向のみに任せるのではなく、そこに海外のBID組織を組成する際に一定数の賛成で実現するなどの事例に見る、一定の強制力をきかせる仕組みづくりが必要である。

●エリアの多様性に対応する活動であること

エリマネ活動の多くは、現時点では一定の大規模開発があり、それを中心的に担う主体等が存在する地区で進められているが、今後は中小規模のビルオーナーが中心の既成市街地での展開も考えられることから、エリマネ活動も従来と異なる活動と仕組みが必要であると考える。

エリマネ活動の今後を考えると、業務商業系地区、大都市商業地区、地方都市中心部地区、計画的住宅地区、空き地などが介在する郊外住宅地区などによって異なる仕組みが必要である。

また上記の多様性に対応し多様なあり方を包含できる汎用性のある仕組みを考えることも必要であると考える。

●エリアマネジメント活動に関与する多様な公共主体への対応

開発（ディベロップメント）の段階では、民としてはエリアの開発事業者が公の開発関係部局との間で開発にあたっての手続きを取ることになる。その多くは開発の際のコントロール（規制）に関する手続きである。しかし、そのようなコントロール段階とマネジメント段階における民と公との関係は異なるものである。民はエリア内の開発事業者のみではなく、開発事業者も含めたエリマネ団体が中心となる。また公側の関係主体も開発段階とは異なる。これまで開発にあたって関係してきた自治体行政も、建設に関わる部局から、管理運営に関わる部局へと移行する。たとえば街路建設課から路政課への移行などである。さらに特徴的なことは、開発の段階で関わってこなかった、とくに警察、保健所などの公への対応が民には必要となることあることである。

一方でエリア全体で開発が一体的に進められるエリア、あるいは個別開発がエリア全体で徐々に進められるエリアで開発段階の組織をマネジメント段階に連続させることで、公との関係を順調なものとすることも可能である場合があり、それは警察や保健所など他の公との関係でも同様である。

エリマネ団体は多くの場合、エリアに関係するさまざまな主体と協議会を組織しているが、その場合、協議会に警察を含めた多様な公の主体が参加することを実現することもこれからは必要である。

●エリアマネジメント活動の効果をより発揮するための仕組み

エリマネ活動をあらかじめ考えて活動空間を確保することが重要である。道路は一般に公物とされるため、民の利用にはさまざまな規制がかかるので、エリア内の空間を配置する場合、その空間を道路ではなく公物管理法が適用されない条例広場（都市計画法上の広場）などとしておくことも重要なことである。

また、開発（ディベロップメント）の段階における行政の対応は、すでに一定の仕組みが出来あがっているのが一般的であるが、運営管理（マネジメント）段階の行政側の仕組みができていないのが普通である。近年では大阪市のようにエリアマネジメント対応を一括して行う体制を整えつつある公も出てきているので、エリマネ活動にワンストップで対応する公の組織が生まれることが期待される。

●エリアマネジメント活動を評価する

エリマネ活動を評価するには、先に述べたエリマネ活動に期待する効果に対応して考える必要がある。第 1 の公共性（エリア外部にスピルオーバーする公共性と区域内への外部効果）により、社会をよくし、まちをよくすることを評価するには、エリアに外部から訪れる市民にアンケート調査をすることなどが考えられる。一方、第 2 の互酬性により、エリア内でエリマネ活動を展開することによるメリットが活動組織を担う者に及ぶかどうかを評価するにはエリアのイベントに訪れる人数などを経年的に調査するなど、客観的数値データを得ることが必要となる。さらに第3の地域価値増加により、都市経営的視点から効果ある活動であることを評価するには、端的には地価や賃料の変動による評価が考えられる。しかし、上記のような個別の視点から評価するのではなく、エリマネ活動全体を評価するには、エリアの活動計画を適切に策定し、民であるエリアの関係者ならびに公である自治体などの両者によって計画の達成度を測定し、評価する方法が考えられる。

わが国のエリアマネジメント活動と財源

日本のエリマネ団体は、管理業務受託、エリアマネジメント広告事業、空間活用事業、その他事業など、さまざまな工夫をしながら財源を確保している。

たとえば大丸有地区を事例にとるとエリアマネジメント広告事業は、仲通りを対象として屋外バナー等を利用し、企業広告やエリアのプロモーションなどを行い、地域の賑わいと景観向上を図る活動であり、それは自主財源確保を狙った試みでもある。現時点では社会実験で多くの成果を得て、本格的な実施に移行しようとしている。

しかし、道路・広場活用、広告事業で収益を上げられても、実際には財源不足状態のエリマネ団体がほとんどである。長期的なスパンで活動の効果を見ることができるかが重要であり、そのためには関係者が一定期間活動を継続できるかにかかっている。

そのなかで、特筆すべきは札幌駅前通まちづくり株式会社が2億円前後の財源（収入）を持ち、六本木ヒルズがエリア内の空間活用でエリマネ活動費用をほぼ賄っていることである。ここで、六本木ヒルズも札幌も、あらかじめ財源を確保するための活動を展開する空間が作ってあることに注視する必要がある。先に述べたように、アメリカではTIFの制度を活用して自治体が空間整備などを行い、その空間を利用してBIDがエリマネ活動を行うように公と民の両者が連携して動いている。それは、稼げる空間を行政側が作っていることことにほかならない。札幌も、地下道を行政側が作り、その地下道の空間利用をエリマネ団体がほぼ独占できるようにしている。つまりあらかじめ空間が作られている所では、それなりの稼ぎができるというのが現実である。グランフロント大阪の場合も広場、アトリウムなどの空間整備がそのような事例として考えられる。財源と空間との関係、あるいは財源と都市整備との関係が重要である。

●財源問題はエリアマネジメント活動の継続性に関わる

また、財源確保はエリマネ団体の継続性と関係しており、さらに優秀な人材確保と深く関わっている。また、財源があるからさまざまな活動ができると考えると、財源はエリマネ活動にとって重要な基礎的な要素である。そうであるにもかかわらず、わが国の既存の税体系では、さまざまな努力をしてエリマネ活動のための財源を確保しているエリマネ団体に課税をしているのが現実である。そういう全体像を財源問題として議論する必要がある。

また土地区画整理事業や市街地再開発事業が終わった後、事業後に残される資金が事業後にどのように使えるかという点は、国や事業関係者も注目し、議論を始めている。その資金をエリマネ活動資金として活用できるようになると、土地区画整理事業や市街地再開発事業などの事業後に、それらのエリアにエリマネ団体が生まれエリマネ活動を展開する際の財源として活用することが期待できる。

●大阪版 BID

近年作られた大阪市の BID 制度は、わが国のエリアマネジメントと財源の関係では画期的な制度仕組みである。大阪まちづくり推進条例（日本版 BID 制度）の財源は分担金であり、地方自治法に基づくものである。一定の強制力を持っており、任意の委託金とは異なる意味でメリットがある一方、使途が公共施設の維持管理等に限定されるなど、メリットを減じている仕組みである。

条例の仕組みは、エリア内で都市利便増進協定を締結したところから税収を確保しているが、分担金が同協定の網羅する利便増進に係わる施設および活動に対してしか活用できないというジレンマがある。

そのことから、今回の大阪版 BID 制度は、完成形ではなく、わが国において新しいエリマネ活動の財源を確保する仕組みを考えていく発展段階にあると言える。

●地域再生エリアマネジメント負担金制度

わが国のエリマネ活動では、安定的な財源確保が喫緊の課題となっている。エリマネ活動を進めるエリアにおいて、活動の成果を享受しつつも活動に要する費用を負担しないフリーライダーの問題を解決することが重要であるが、民であるエリマネ団体が自主的に進める取り組みにおいて、エリマネ団体がフリーライダーから強制的に費用を徴収することは難しい。そこで 2018 年に内閣府により、米英などのエリマネ団体が実施する地域再生に資するエリアにおけるBIDの取組事例等を参考として制度が創設された。それは、3分の2以上の事業者の同意を要件としエリマネ活動に要する費用を、その受益の限度において活動区域内の受益者（事業者）から徴収し、これをエリマネ団体に交付する公民連携の制度（地域再生エリアマネジメント負担金制度）である。この制度により地域再生に資するエリマネ活動の推進を図る 1 つの道筋ができたことになる。

具体的には、市区町村が地域再生計画を国（内閣総理大臣）に申請し、認定を受ける。その後、エリマネ団体（法人）が地域来訪者利便増進活動計画（5年以内）を作って、市区町村に申請する。申請にあたってエリア内の小売業者、サービス業者、不動産賃貸業者などの事業者の 3 分の 2 以上の同意が必要である。その後、市町村議会の議決をへて、市区町村がエリマネ団体に認定する旨を伝える。一方、市町村は議会に諮って負担金条例を制定し、その条例に沿って市町村はエリア内の事業者（受益者）から受益者負担金を徴収する。その徴収した負担金を市町村はエリマネ団体に交付金として交付し、エリマネ団体は、これを財源としてエリマネ活動を展開することになる。なお、3 分の 1 を超える事業者の同意に基づいて計画期間中の計画の取り消しなども規定されている。

●財源問題に対する公共と民間の補完関係

エリマネ活動から財源を獲得する仕組みとして、空間が一定程度整備されているエリアでの事例が多いことは上に述べたとおりである。ただそれは計画的に開発されたケースであり、それ以外のエリアでは、なかなかそういった空間を生みだせず、実際には財源確保が難しいという話になりがちである。

しかし米国では公が公共施設整備を TIF のような仕組みを利用して整備し、

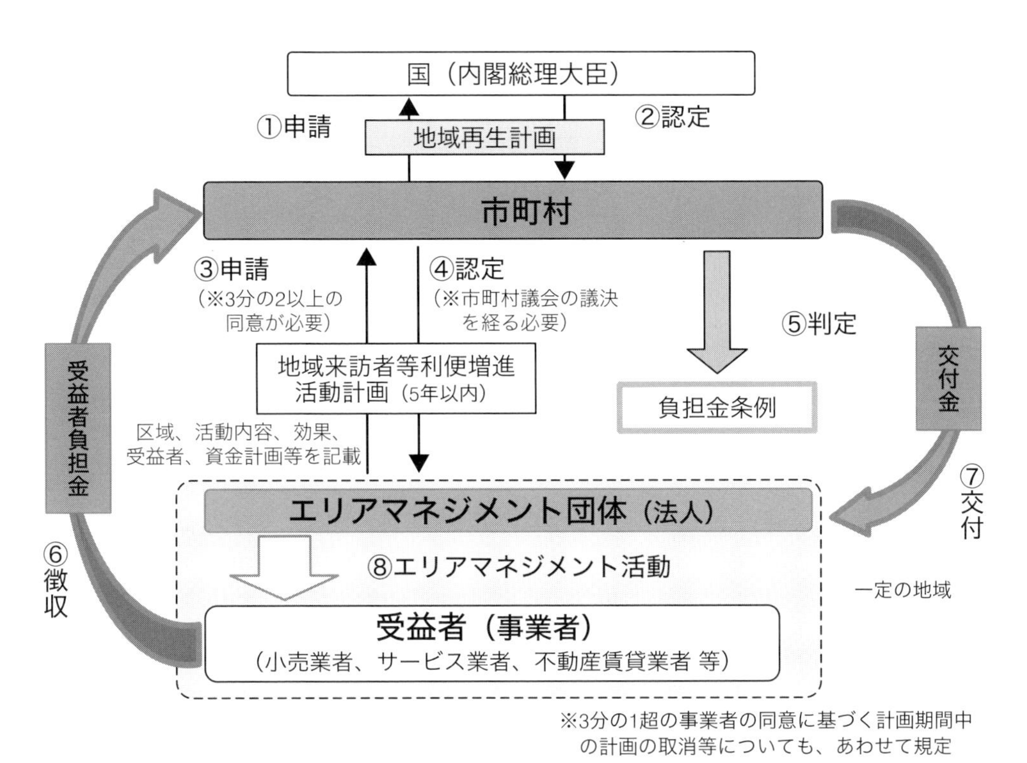

図1　地域再生エリアマネジメント負担金制度の概要（内閣府資料より作成）

受益者負担金制度　＝　ある事業により利益を受ける者から、
その利益の限度において負担金を徴収する制度

受益を定量的に評価できることが必要

賑わいの創出等により事業者の事業機会の拡大や収益性の向上といった
経済効果が生じる活動を対象とすることとする

【活動の例】

イベントや情報発信など、来訪者や滞在者を増加させるための活動	オープンテラスの活用やサイクルポートの設置等、来訪者や滞在者の利便の増進に資する施設や設備の設置や管理に関する活動	賑わいの創出にともない必要となる巡回警備や清掃活動

図2　負担金制度の対象となるエリアマネジメント活動（内閣府資料より作成）

TIFで整備した公共空間をBIDが活用してエリマネ活動(たとえばオープンカフェ）を展開し財源とするなどTIFとBIDは深い関係を持っている。たとえば先に見たシカゴでは、地域のエリマネ団体がTIFで拡張されたメインストリートの歩道空間を活用してBID活動を展開している。これは、行政が中心になってTIFで施設整備をする前に、その地域のBID組織と活動について協議するという関係により成り立っている。

日本のこれからの財源の議論を考えると、これからまちづくりにおいてBIDの仕組みを取り入れるとしたら、TIFのような制度も絡めていかないといけないのではないかと考える。なお、英国のBIDも同じ状況にあると考える。英国のBIDでは、地方自治体が公共投資をしている部分がかなりあり、エリアのBID活動の財源の3分の1を公共団体によるその地域への投資によっているとされている。

(エリマネ活動の財源については、エリマネ活動の評価とあわせて別途シリーズとして刊行する著書で紹介する予定である)。

参考文献

- 小林重敬（著、編集）『最新エリアマネジメント一街を運営する民間組織と活動財源』学芸出版社、2015
- 内閣官房まち・ひと・しごと創生本部事務局 内閣府地方創生推進事務局「地方創生まちづくり―エリアマネジメント―」
- 内閣官房まち・ひと・しごと創生本部事務局 内閣府地方創生推進事務局「日本版BIDを含むエリアマネジメントの推進方策検討会（中間とりまとめ）」2016
- 小林敏樹「Business Improvement District（BID）の現状と可能性」『土地総合研究』（22巻2号）pp. 116 – 133、2014
- （財）自治体国際化協会ロンドン事務所「英国におけるビジネス改善地区（BID）の取組み」『Clair Report』（No.366）2011.09
- 坂東暁・御手洗潤・原田大樹「ドイツBID（Business Improvement District）の実地調査報告」『Urban study 64』pp. 101 – 119、2017.06
- 御手洗潤・原田大樹「ドイツBID最新状況報告」『新都市』（71巻2号）pp. 61 – 71、2017.02
- 御手洗潤「Business Improvement District制度論考：我が国での導入を念頭に置いて（特集 都市づくりの新動向：広域連携、立地適正化、エリアマネジメント、担い手）」『土地総合研究』（25巻4号）pp. 48 – 73、2017
- 原田 大樹「街区管理の法制度設計：ドイツBID法制を手がかりとして」『法学論叢』180（5・6）、pp. 434 – 480、京都大学法学会、2017
- 室田昌子「大規模商業施設等の競争力強化手段としての地域商業地におけるBIDの活用可能性―ドイツ・ハンブルク市での試みをもとにして―」『日本建築学会計画系論文集』（82巻731号）』pp. 133 – 140、2017
- 大和則夫「Bryant Park BID：官民連携による公園の魅力化の成功事例」一般財団法人森記念財団、2015
- 大和則夫「Better Bankside BID：バンクサイドの魅力向上に向けた取り組み」一般財団法人森記念財団、2015
- 藤井聡「連載：インフラ・イノベーション第2回　現在日本の、川辺文化のイノベーション：北浜テラス」『土木施工』㈱オフィス・スペース、Vol.57、No.11、2016.11
- 国土交通省土地・水資源局「エリアマネジメント推進マニュアル」2008.03

一般財団法人森記念財団

森記念財団は、1981年に設立され、よりよい都市形成のために、わが国の社会・経済・文化の変化に対応し、時代に即した都市づくり・まちづくりに関する調査研究及び普及啓発を主体とした公益的な事業活動を展開しています。

筆者一覧

小林重敬（こばやし しげのり）……（はじめに、1章、これからのエリアマネジメント活動のために）
一般財団法人森記念財団理事長　横浜国立大学名誉教授　全国エリアマネジメントネットワーク会長　工学博士

西尾茂紀（にしお しげき）……（5章）
一般財団法人森記念財団上級研究員

園田康貴（そのだ やすたか）……（4章）
一般財団法人森記念財団主任研究員

脇本敬治（わきもと けいじ）……（各地のエリマネ1、3、4、5、6、7、8、9）
一般財団法人森記念財団研究員

丹羽由佳理（にわ ゆかり）……（2章、コラム1、各地のエリマネ2）
一般財団法人森記念財団研究員　博士（環境学）

堀裕典（ほり ひろふみ）……（3章、コラム2）
一般財団法人森記念財団研究員　博士（工学）

協力

全国エリアマネジメントネットワーク
株式会社アバンアソシエイツ
NPO法人大丸有エリアマネジメント協会（リガーレ）
森ビル株式会社

謝辞

この本を作成するにあたり、全国のエリアマネジメント団体と関係者の方々には、資料と最新の情報を提供いただくなど、多くのご協力をいただきました。ここに厚くお礼申し上げます。

まちの価値を高める

エリアマネジメント

2018 年 6 月 25 日　第 1 版第 1 刷発行
2021 年 1 月 20 日　第 1 版第 3 刷発行

編著者　小林重敬＋一般財団法人森記念財団
発行者　前田裕資
発行所　株式会社学芸出版社
京都市下京区木津屋橋通西洞院東入
〒 600-8216　電話 075-343-0811
http: //www. gakugei-pub. jp/
E-mail　info@gakugei-pub. jp
印刷・製本　シナノパブリッシングプレス
装　丁　上野かおる（鷺草デザイン事務所）
編集協力　村角洋一デザイン事務所

ISBN978-4-7615-2683-2　Printed in Japan